高等教育大数据技术专业创新型系列教材

Python 数据可视化项目教程

主　编　王素华　李源彬
副主编　赵大伟　张立辉　吴勇灵
主　审　贾如春

科 学 出 版 社

北 京

内 容 简 介

　　本书从初学者角度出发，通过丰富而生动的实例，详细介绍了使用 Python 语言进行数据可视化需要掌握的各方面知识。全书由易到难、循序渐进、螺旋式地讲述了 Python 数据可视化中图形可视化的方法，以生动有趣的实例讲解绘制 9 大图形的方法和难点，很好地处理了各类图形可视化中的难点问题，分别从基础的文件读写、线形图、条形图、散点图、饼图、基本图像处理、动画图、3D 图形、词云入手，帮助初学者快速入门。

　　本书知识点都结合了具体实例和程序讲解，便于读者理解和掌握。本书适合作为高等院校计算机科学与技术、大数据技术、人工智能及相关专业的教材；也适合作为数据可视化开发入门者的自学用书，可快速提高开发技能。

图书在版编目（CIP）数据

Python 数据可视化项目教程/王素华，李源彬主编. —北京：科学出版社，2021.10
　ISBN 978-7-03-069308-2

Ⅰ. ①P… Ⅱ. ①王… ②李… Ⅲ. ①软件工具-程序设计-教材
Ⅳ. ①TP311.561

中国版本图书馆 CIP 数据核字（2021）第 131377 号

责任编辑：陈砺川　赵玉莲 / 责任校对：王　颖
责任印制：吕春珉 / 封面设计：东方人华设计部

科学出版社 出版
北京东黄城根北街 16 号
邮政编码：100717
http://www.sciencep.com
三河市骏杰印刷有限公司印刷
科学出版社发行　　各地新华书店经销
*

2021 年 10 月第 一 版　　开本：787×1092　1/16
2024 年 1 月第三次印刷　　印张：16
字数：379 000

定价：46.00 元
（如有印装质量问题，我社负责调换〈骏杰〉）
销售部电话 010-62136230　编辑部电话 010-62130750

最好的数据是以图片、动画示人的。构建客观、准确而又容易理解的可视化图形是我们希望做到的事情。本书通过大量丰富而生动的实例阐述了如何读取数据并选用恰当的图形完成数据可视化的流程。

在众多的编程语言中,最适合做数据分析、可视化的就是 Python。对于初学者来说,Python 很容易上手,更重要的是它是当今大数据时代的必备工具。现在大数据已人尽皆知,但是在这个数据大爆炸的时代,只有海量数据是没有任何价值的,必须将它们进行分析和处理,提供直观的、交互的和反应灵敏的可视化环境。Python 数据可视化将技术与艺术完美结合,借助图形化的手段,清晰有效地传达与沟通信息,直观、形象地显示海量的数据和信息,并进行交互处理。数据可视化的应用十分广泛,几乎可以应用于包括自然科学、工程技术、金融和商业在内的各种领域。

本书以图文并茂和丰富的示例代码讲解的形式,系统地讲解以文本形式存在的数据是如何经过处理,得到的不是难以理解的矩阵或列表,而是平面图形、3D 图形甚至动画形式式的展示,这也是机器学习中至关重要的一步。这一切主要依赖 Python 的 matplotlib 库。

matplotlib 库已经成为 Python 中公认的数据可视化工具,本书介绍使用 matplotlib 如何画一些或简单或复杂的图形,如何编写几行代码即可生成线形图、直方图、条形图、散点图、饼图、图像处理以及炫丽的 3D 图形、动画图、地图等,是为读者提供快速由浅入深掌握数据可视化基础知识及提高技能的参考书籍。另外,本书从源码分析角度深入剖析代码,希望读者不仅做到知其然,更要知其所以然,对数据可视化有更加深入的研究。本书作者在相关领域有多年丰富的实践和应用经验,相信通过对本书的学习可以给读者带来事半功倍的效果。

本书由从事多年大数据行业的大数据架构分析师和一线任课老师共同编写完成。从工程师的视角出发,从安装到使用再到图形应用开发,内容由浅入深,适合于不同层次的学生使用,并且所有知识点都结合具体实例和程序讲解,便于读者理解和掌握。

本书有以下特点。

(1)图文并茂、循序渐进

本书内容翔实、语言流畅、图文并茂、突出实用性,并提供了大量的操作示例和相

应代码，较好地将学习与应用结合在一起。内容由浅及深，循序渐进，适合各个层次读者的学习。

（2）实例典型、轻松易学

本书将可视化与应用有机结合，采用理论+实践的方式，对可视化相关技术进行了详细讲解。本书所引用的绘图实例既实用又有趣，比如分析醉汉行走轨迹、雨滴落地面的效果、做家务与学历的关系等，这样读者在使用本书的过程中不会觉得乏味，有助于提升学习兴趣，从而提高学习效率。

（3）应用实践、随时练习

书中所有项目后都提供了拓展项目，读者在练习过程中可回顾所学的知识，并将这些知识进行提高和拓展，同时也为进一步学习做好准备。

（4）案例引导

本书从工作过程出发，通过"项目背景""项目描述""项目分析""项目实操"四部分内容完成具体的项目，之后再打破以知识点为理论体系的传统模式，按照工作过程来组织和讲解知识，将每个任务又划分为多个小任务，让学生以"做"为中心，在学中做，在做中学，从而完成对知识点的学习和技能的训练，进而培养学生的职业技能和职业素养。

（5）紧跟行业技能发展

计算机技术发展很快，本书着重于当前主流技术并兼顾新技术讲解，内容与行业联系密切，紧跟行业技术的发展。

本书由贾如春负责整体策划及审稿，由长春人文学院王素华、四川农业大学李源彬主编，由东北师范大学信息科学与技术学院孙小新，长春人文学院赵大伟、孙慧、姜宝华，吉林师范大学孙宏宇，黔南民族师范学院吴勇灵，长春职业技术学院张立辉共同编写而成。

由于大数据领域技术发展快，作者水平有限，书中难免存在不足之处，敬请广大读者不吝赐教。

编　者

目录

CONTENTS

项目1 文件操作 ·· 1

项目实现 ·· 2
相关知识 ·· 5
1.1 csv 文件操作 ·· 5
1.1.1 csv 文件的读写 ·· 7
1.1.2 数据分析 ··· 14
1.2 Excel 文件操作 ··· 15
1.2.1 Excel 文件读写 ·· 16
1.2.2 数据分析 ··· 18
1.3 JSON 文件操作 ··· 21
1.3.1 JSON 文件读写 ··· 21
1.3.2 数据分析 ··· 23
1.4 XML 文件操作 ·· 24
1.4.1 XML 文件读写 ··· 24
1.4.2 数据分析 ··· 29
拓展项目 ·· 31
课后练习 ·· 32

项目2 某地区近五年人口统计 ··· 33

项目实现 ·· 34
相关知识 ·· 38
2.1 数据可视化相关概念 ·· 38
2.2 开发环境介绍与安装 ·· 39
2.3 使用 matplotlib 模块绘制线形图 ··· 41
2.3.1 常用函数 ··· 41
2.3.2 绘图要素 ··· 42
2.3.3 基本语法 ··· 43

2.4　numpy——快速数据处理模块 ··· 46

　　2.4.1　常用函数 ··· 47

　　2.4.2　创建数组 ··· 48

　　2.4.3　数组操作 ··· 49

　　2.4.4　统计分析 ··· 50

2.5　pandas——方便的数据分析模块 ··· 53

　　2.5.1　读写数据 ··· 54

　　2.5.2　Series 对象 ··· 61

　　2.5.3　DataFrame 对象 ··· 64

　　2.5.4　常用函数 ··· 71

拓展项目 ··· 74

课后练习 ··· 74

项目3　家务劳动与学历、性别的关系 ·· 77

项目实现 ··· 78

相关知识 ··· 81

3.1　柱状图、直方图和条形图的基本概念 ··· 81

3.2　绘制柱状图 ·· 83

　　3.2.1　常用函数 ··· 83

　　3.2.2　用法举例 ··· 84

3.3　绘制条形图 ·· 92

　　3.3.1　常用函数 ··· 92

　　3.3.2　用法举例 ··· 93

3.4　绘制直方图 ·· 96

　　3.4.1　常用函数 ··· 96

　　3.4.2　用法举例 ··· 97

拓展项目 ··· 100

课后练习 ··· 102

项目4　醉汉随机行走问题 ·· 103

项目实现 ··· 104

相关知识 ··· 107

4.1　散点图基本概念 ·· 107

4.2　绘制散点图 ·· 108

　　4.2.1　常用函数 ··· 109

　　4.2.2　应用举例 ··· 110

4.3　绘制气泡图 ⋯⋯⋯⋯⋯⋯⋯⋯⋯⋯⋯⋯⋯⋯⋯⋯⋯⋯⋯⋯⋯⋯ 120

拓展项目 ⋯⋯⋯⋯⋯⋯⋯⋯⋯⋯⋯⋯⋯⋯⋯⋯⋯⋯⋯⋯⋯⋯⋯⋯⋯⋯ 122

课后练习 ⋯⋯⋯⋯⋯⋯⋯⋯⋯⋯⋯⋯⋯⋯⋯⋯⋯⋯⋯⋯⋯⋯⋯⋯⋯⋯ 123

项目5　双层饼图秀恩爱 ⋯⋯⋯⋯⋯⋯⋯⋯⋯⋯⋯⋯⋯⋯⋯⋯⋯⋯⋯⋯ 125

项目实现 ⋯⋯⋯⋯⋯⋯⋯⋯⋯⋯⋯⋯⋯⋯⋯⋯⋯⋯⋯⋯⋯⋯⋯⋯⋯⋯ 126

相关知识 ⋯⋯⋯⋯⋯⋯⋯⋯⋯⋯⋯⋯⋯⋯⋯⋯⋯⋯⋯⋯⋯⋯⋯⋯⋯⋯ 128

5.1　饼图基本概念 ⋯⋯⋯⋯⋯⋯⋯⋯⋯⋯⋯⋯⋯⋯⋯⋯⋯⋯⋯⋯ 128

5.2　绘制饼图 ⋯⋯⋯⋯⋯⋯⋯⋯⋯⋯⋯⋯⋯⋯⋯⋯⋯⋯⋯⋯⋯⋯ 129

5.2.1　函数及参数说明 ⋯⋯⋯⋯⋯⋯⋯⋯⋯⋯⋯⋯⋯⋯⋯⋯ 129

5.2.2　实例 ⋯⋯⋯⋯⋯⋯⋯⋯⋯⋯⋯⋯⋯⋯⋯⋯⋯⋯⋯⋯⋯ 130

5.3　绘制环形图 ⋯⋯⋯⋯⋯⋯⋯⋯⋯⋯⋯⋯⋯⋯⋯⋯⋯⋯⋯⋯⋯ 139

5.3.1　环形图基本概念 ⋯⋯⋯⋯⋯⋯⋯⋯⋯⋯⋯⋯⋯⋯⋯⋯ 139

5.3.2　实例 ⋯⋯⋯⋯⋯⋯⋯⋯⋯⋯⋯⋯⋯⋯⋯⋯⋯⋯⋯⋯⋯ 140

5.4　绘制多重饼图 ⋯⋯⋯⋯⋯⋯⋯⋯⋯⋯⋯⋯⋯⋯⋯⋯⋯⋯⋯⋯ 141

5.4.1　多重饼图 ⋯⋯⋯⋯⋯⋯⋯⋯⋯⋯⋯⋯⋯⋯⋯⋯⋯⋯⋯ 141

5.4.2　多重环形图 ⋯⋯⋯⋯⋯⋯⋯⋯⋯⋯⋯⋯⋯⋯⋯⋯⋯⋯ 143

拓展项目 ⋯⋯⋯⋯⋯⋯⋯⋯⋯⋯⋯⋯⋯⋯⋯⋯⋯⋯⋯⋯⋯⋯⋯⋯⋯⋯ 150

课后练习 ⋯⋯⋯⋯⋯⋯⋯⋯⋯⋯⋯⋯⋯⋯⋯⋯⋯⋯⋯⋯⋯⋯⋯⋯⋯⋯ 151

项目6　告别 Photoshop ⋯⋯⋯⋯⋯⋯⋯⋯⋯⋯⋯⋯⋯⋯⋯⋯⋯⋯⋯⋯ 153

项目实现 ⋯⋯⋯⋯⋯⋯⋯⋯⋯⋯⋯⋯⋯⋯⋯⋯⋯⋯⋯⋯⋯⋯⋯⋯⋯⋯ 154

相关知识 ⋯⋯⋯⋯⋯⋯⋯⋯⋯⋯⋯⋯⋯⋯⋯⋯⋯⋯⋯⋯⋯⋯⋯⋯⋯⋯ 156

6.1　数字图像处理相关概念 ⋯⋯⋯⋯⋯⋯⋯⋯⋯⋯⋯⋯⋯⋯⋯⋯ 156

6.1.1　图像类型 ⋯⋯⋯⋯⋯⋯⋯⋯⋯⋯⋯⋯⋯⋯⋯⋯⋯⋯⋯ 157

6.1.2　色彩空间 ⋯⋯⋯⋯⋯⋯⋯⋯⋯⋯⋯⋯⋯⋯⋯⋯⋯⋯⋯ 157

6.2　图像的基本处理 ⋯⋯⋯⋯⋯⋯⋯⋯⋯⋯⋯⋯⋯⋯⋯⋯⋯⋯⋯ 158

6.2.1　常用库及函数 ⋯⋯⋯⋯⋯⋯⋯⋯⋯⋯⋯⋯⋯⋯⋯⋯⋯ 158

6.2.2　Numpy 图像处理 ⋯⋯⋯⋯⋯⋯⋯⋯⋯⋯⋯⋯⋯⋯⋯ 162

6.2.3　综合实例 ⋯⋯⋯⋯⋯⋯⋯⋯⋯⋯⋯⋯⋯⋯⋯⋯⋯⋯⋯ 171

拓展项目 ⋯⋯⋯⋯⋯⋯⋯⋯⋯⋯⋯⋯⋯⋯⋯⋯⋯⋯⋯⋯⋯⋯⋯⋯⋯⋯ 178

课后练习 ⋯⋯⋯⋯⋯⋯⋯⋯⋯⋯⋯⋯⋯⋯⋯⋯⋯⋯⋯⋯⋯⋯⋯⋯⋯⋯ 178

项目7　雨是揉碎的诗 ⋯⋯⋯⋯⋯⋯⋯⋯⋯⋯⋯⋯⋯⋯⋯⋯⋯⋯⋯⋯⋯ 179

项目实现 ⋯⋯⋯⋯⋯⋯⋯⋯⋯⋯⋯⋯⋯⋯⋯⋯⋯⋯⋯⋯⋯⋯⋯⋯⋯⋯ 180

相关知识 ⋯⋯⋯⋯⋯⋯⋯⋯⋯⋯⋯⋯⋯⋯⋯⋯⋯⋯⋯⋯⋯⋯⋯⋯⋯⋯ 183

7.1　动画制作相关概念···183

7.2　FuncAnimation 类···184

7.2.1　函数及参数介绍··184

7.2.2　实例··185

7.3　ArtistAnimation 类···196

7.3.1　函数及参数介绍··196

7.3.2　实例··197

拓展项目···201

课后练习···201

项目 8　蝴蝶效应···203

项目实现···204

相关知识···207

8.1　3D 图形相关概念···207

8.2　函数解析···207

8.2.1　3D 线形图··208

8.2.2　3D 散点图··210

8.2.3　3D 线框图··213

8.2.4　3D 表面图··215

8.2.5　3D 直方图··217

8.3　综合实例···218

拓展项目···226

课后练习···227

项目 9　探索微信···229

项目实现···230

相关知识···237

9.1　词云的概念···237

9.2　绘制词云图···239

9.3　扩展微信功能···243

拓展项目···246

课后练习···247

参考文献···248

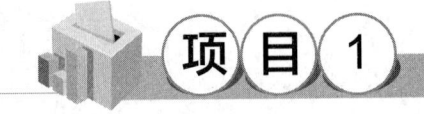

文 件 操 作

▶ **项目背景**

　　数据分析是大数据行业的重要工作内容之一，随着大数据相关工作需求的增多，很多高校新增了大数据技术专业用于培养这方面的人才。数据分析能力，是大数据科学领域中数据从业人员必备的技能之一，数据分析师也是最热门的职业之一。数据分析师所需要具备的知识包括明确数据分析的概念、分析流程以及分析方法等。当然，对数据进行分析的第一步就是读取数据，然后根据需求处理数据，最后将处理完成的数据进行保存或可视化处理。本项目主要完成对各种数据文件的读写以及简单的数据分析。

▶ **学习目标**

※**知识目标**

- 掌握各种文件的操作方法。
- 掌握对数据分析的技巧。
- 理解 Python 对文件操作的内置模块。

※**能力目标**

- 能够对文件进行读写。
- 能够对数据进行分析。
- 能够阅读和分析简单的 Python 程序。

※**素质目标**

- 编码能力。
- 理解能力。
- 解决实际问题的能力。

◆◆◇ **项目实现** ◇◆◆

◆◆▷ 【项目描述】▷◆◆◆

本项目设计了一个小游戏，游戏规则是首先用户输入自己的星座名称，然后程序通过获取用户输入的数据，以及读取到的给定 csv 文件中的数据，输出该星座的出生日期范围（该日期仅为月+日的形式）。

输入和输出的示例格式如下：

>>>请输入星座英文名称(例如,Scorpio)：Scorpio
>>> Scorpio 的生日位于 1024-1122 之间

该项目涉及的知识点主要是与 Python 相关的 csv 文件读取，这里使用普通的文件读取方法，以使读者掌握基础知识。

本项目要实现的功能包括：

1）获取用户输入的数据；

2）读取 csv 文件中的数据；

3）求出上面二者数据相同时，用户所输入星座对应的生日范围；

4）给出输出结果。

csv 文件如图 1-1 所示，其内容是十二星座的名称、对应的开始和结束日期（月+日的形式），以及编码。

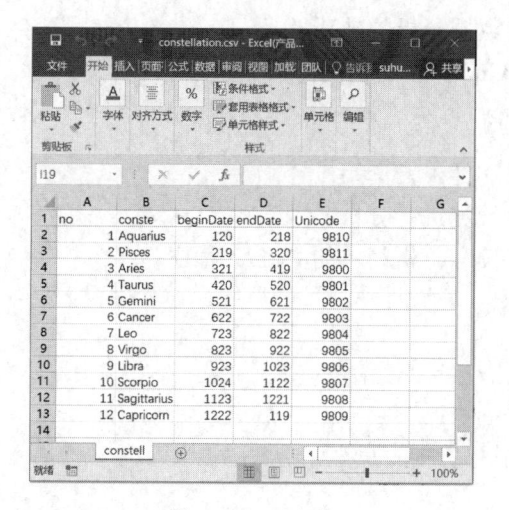

图 1-1　csv 文件

程序运行结果如图 1-2 所示。

```
Type "help", "copyright", "credits" or "license()" for more information.
>>>
=============== RESTART: D:/人文/人文/教材/大数据可视化教材/教材代码/1/
项目例1-1.py ===============
请输入星座英文名称(例如：Aquarius)：Sagittarius
Sagittarius的生日位于1123-1221之间
>>> |
                                                                    Ln: 7  Col: 4
```

图 1-2　程序运行结果

◆▶【项目分析】

本项目要将用户输入的数据与给定 csv 文件中的数据进行比较，输出星座的相应日期信息。

1. 数据分析

程序中所需要用到的数据包括两个方面：用户从键盘上输入的数据和从 csv 文件中读取到的数据。用户输入的数据可以直接调用 Python 中的 input()函数接收，csv 文件中的数据获取可以采用最基本的文件读写方法。

2. 算法分析

要将 csv 文件中的数据读取出来，就需要逐行读取文件，并对文件内容进行遍历。那么在遍历文件时，可以看到 csv 文件中的文件头即第一行数据并不需要与用户输入的数据进行比较，所以要去掉第一行。而且 csv 文件中的数据是用逗号分隔的，所以在遍历时需要使用 split()函数进行分割，并将数据返回到一个列表中。最后可以将用户输入的数据与列表中的第二个数据进行比较，如果相同则输出结果。

3. 常识分析

考虑兼容性，csv 文件中存储的是星座的英文名称，所以用户在输入星座名称时需要用英文输入。以下为十二星座对应的中英文名称及相应日期范围：

摩羯座（12/22～01/19）Capricorn
水瓶座（01/20～02/18）Aquarius
双鱼座（02/19～03/20）Pisces
白羊座（03/21～04/20）Aries
金牛座（04/21～05/20）Taurus
双子座（05/21～6/21）Gemini
巨蟹座（06/22～07/22）Cancer
狮子座（07/23～08/22）Leo
处女座（08/23～09/22）Virgo

天秤座（09/23～10/22）Libra
天蝎座（10/23～11/21）Scorpio
射手座（11/22～12/21）Sagittarius

◆▶【项目实操】━━

1. 文件目录

程序项目例 1-1.py 和 csv 文件放置在相同的文件夹中，具体如图 1-3 所示，因此在编写程序时直接使用相对路径即可。

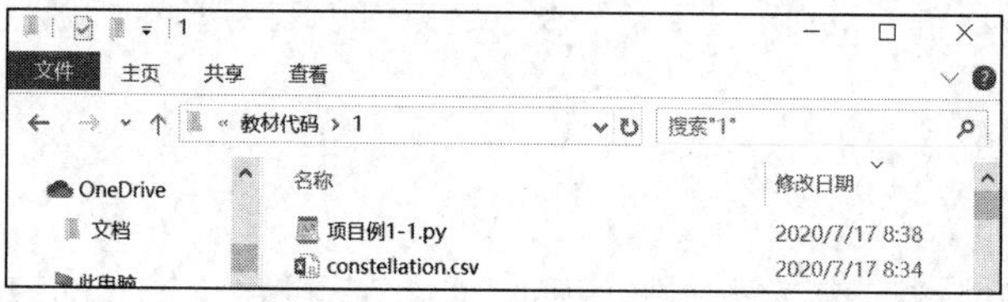

图 1-3　程序目录

2. 运行程序

选择该程序，在 IDLE 中选择 Run->Run Module 命令即可运行。具体程序代码如下所示。

```python
# 程序作者：赖正华

def read_files():
    """读取文件"""
    files = open("constellation.csv","r",encoding="ISO-8859-1") # 文件地址以文件所在位置为准
    data = files.readlines() # 逐行读取文件，并返回一个列表
    lis = []
    for i in data[1:]:          # 遍历读取的文件列表，并去掉第一行
        line = i.split(',')     # 用 "," 分隔开，并返回一个列表
        lis.append(line)
    files.close()
    return lis
def get_user_enter(lis):
    """获得用户输入"""
    user = input("请输入星座英文名称(例如：Aquarius)：")
    for l in lis:
        #print(l[0])
        if l[1] == user:
```

```
        print("{}的生日位于{}-{}之间".format(l[1],l[2],l[3]))
    if __name__ == "__main__":
        lis = read_files()
        #print(lis[0])
        get_user_enter(lis)
```

程序运行结果如图 1-2 所示。

◀ 相关知识 ▶

对于任何程序来说，数据是其构成的必要因素之一，对于可视化程序来说也是如此。因此导入和导出各种格式的数据是编写可视化程序的基本知识。本项目"相关知识"部分将介绍各种格式数据的导入和导出方法，主要介绍 Python 标准库的数据操作方法。当然，强大的 Pandas 库也可以对数据很方便地进行操作，这部分内容将在项目 2 中专门讲解。

1.1 csv 文件操作

本节介绍如何对 csv 文件进行读写处理。csv 是英文 comma separate values（逗号分隔值）的缩写，顾名思义，文件的内容是由 "," 分隔的多列数据构成的。逗号分隔值 csv 有时也称为字符分隔值，因为分隔字符也可以不是逗号，其文件以纯文本形式存储表格数据（数字和文本）。

csv 文件是一种编辑方便、可视化效果极佳的数据存储方式。Python 中有着非常强大的库可以处理 csv 文件，所以，如果经常用 Python 处理数据，csv 文件必然是一种简单快捷的轻量级选择。

由于是纯文本文件，因此 csv 文件可以使用 Excel 打开查看。但是，与 Excel 文件不同，csv 文件中：

- 值没有类型，所有值都是字符串。
- 不能指定字体颜色等样式。
- 不能指定单元格的宽和高，不能合并单元格。
- 没有多个工作表。
- 不能嵌入图像图表。

在 csv 文件中，以 "," 作为分隔符，分隔两个单元格。例如 "a,c" 表示单元格 a 和单元格 c 之间有一个空白的单元格，依此类推。

不是每个逗号都表示单元格之间的分界，所以即使 csv 是纯文本文件，也应使用专门的模块进行处理。在 Python 中，则内置了 csv 模块。

csv 文件的读取和保存（写入）在大多数书籍上都有很多介绍，但是对于该类型文

件如何创建却介绍的不是很多。csv 文件的创建有以下两种方法。

1. 利用 Excel 软件直接保存得到

csv 文件最大的优点就是能方便地和 Excel 进行交互，可以方便地通过 Excel 创建、查看以及编辑 csv 文件。如果原始数据是由数据的创始人建立的，那么可以先将这些数据输入到 Excel 文件中并进行编辑，在保存文件的时候，选择.csv 文件格式保存即可，如图 1-4 所示。

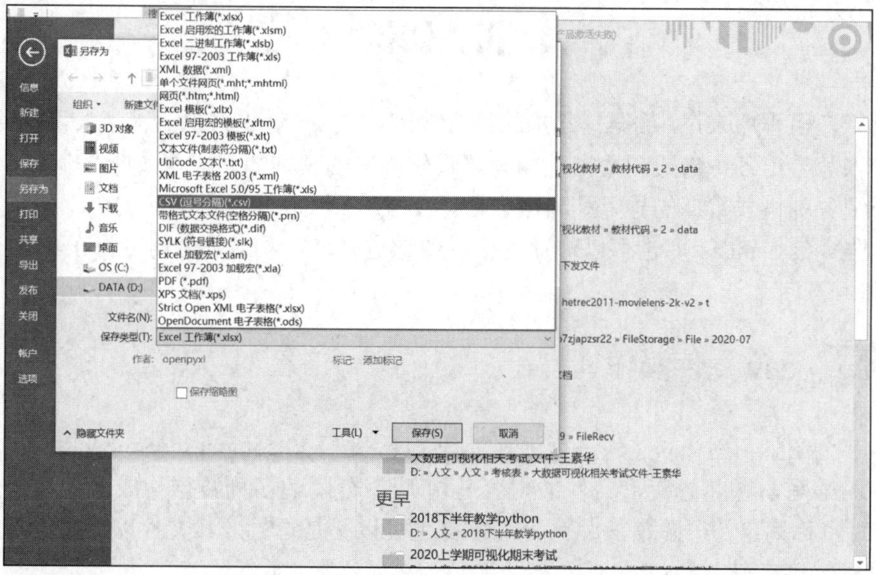

图 1-4　选择.csv 格式保存文件

注意

csv 文件的默认打开方式是 Excel 软件。

除了可以通过 Excel 创建 csv 文件，也可以将其他格式的文件转换成 csv 文件。例如，使用 Sublime 或者 Notepad++编辑内容，然后保存为.csv 格式。但是尽量不要使用类似于 Word 或者 Mac 自带的文本编辑器，它们会把一些自身文件的内容也加进 csv 文件，导致文件"不纯净"。

总之，csv 文件是一种可以通过 Excel 以及普通的文本编辑器创建、访问、编辑的文件。

2. 利用 Python 程序实现文件类型转换

Python 程序可以将其他类型的文件转换为 csv 文件。方法是通过 os 模块中的 listdir()

函数将指定目录中需要转换的其他类型文件读取到列表中，然后对该列表中的所有文件进行一一转换。

下面的程序是将.dat 格式文件转换为.csv 格式文件，当然也可以将其中的 ".dat" 替换成其他文件类型，进行各种类型文件的转换。

```python
import os
path_0 =r"D:\overFile"    # 原文件目录
path_1 = r"D:\csvFile"    # 存放目录
filelist = os.listdir(path_0)     # 目录下的文件列表
for files in filelist:
    dir_path = os.path.join(path_0, files)
    # 分离文件名和文件类型
    file_name = os.path.splitext(files)[0]    # 文件名
    file_type = os.path.splitext(files)[1]    # 文件类型
    # 将.dat 格式文件转为.csv 格式文件
    if file_type=='.dat':
        file_test = open(dir_path,'rb')        # 读取原文件
        new_dir = os.path.join(path_1,str(file_name)+'.csv')
        # print(new_dir)
        file_test2 = open(new_dir,'wb')        # 创建/修改新文件
        for lines in file_test.readlines():
            ines=lines.decode("utf8","ignore")
            str_data = ",".join(lines.split(' '))# 分隔符依据文件确定
            file_test2.write(str_data.encode("utf-8"))
        file_test.close()
        file_test2.close()
```

创建完 csv 文件后，下面进行 csv 文件的读写与数据分析。

1.1.1 csv 文件的读写

将创建好的 csv 文件直接双击打开，默认会由 Excel 打开，并且可以很方便地编辑和修改数据，这里不再赘述。值得指出的是 csv 文件也可以以文本的形式展现出来，例如，把刚才保存的 csv 文件用 Windows 系统自带的 "写字板" 程序打开（当然也可以用 Sublime、txt 等打开），则数据内容如图 1-5 所示。

通过图 1-5 可以非常直观地看懂什么叫 "逗号分隔值"，这是因为数据之间是由 ","分隔开的，并且格式非常规范，没有多余的空格、空行等。

同样，也可以通过文本的形式修改这些数据，然后保存即可。若再次打开，则会显示修改后的结果。

下面分别介绍 csv 文件的读和写。

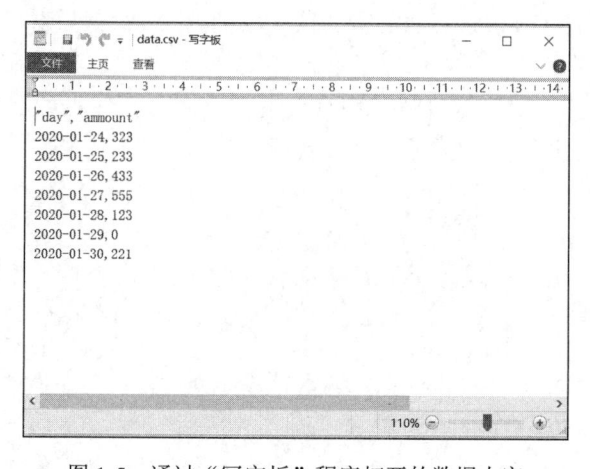

图 1-5 通过"写字板"程序打开的数据内容

1. 使用 Python 读取 csv 文件

Python 的 csv 模块是处理 csv 文件的一个非常强大的库，我们要处理 csv 文件，就必须先导入该模块。

注意

Python 读取 csv 文件的步骤为：1）导入 csv 模块；2）创建一个 csv 读文件对象；3）打开文件进行读取。

下面通过获取 csv 文件中不同行列值的代码来介绍文件读取过程。不管读取 csv 文件中哪些数据，其读取过程都是由上面的 3 步完成的。读取 csv 文件，用的是 csv.reader() 函数，返回结果是一个_csv.reader 对象，我们可以对这个对象进行遍历，输出每一行、某一行或某一列。

【例 1-1】获取 csv 数据中的每一行。

获取文件中每一行数据的程序如下：

```python
import csv
with open('data.csv', 'r') as f:
    reader = csv.reader(f)
    print(type(reader))
    for row in reader:
        print(row)
```

例 1-1 实操

输出结果如图 1-6 所示，即以列表的形式输出每一行。

```
Type "help", "copyright", "credits" or "license()" for more information.
>>>
=============== RESTART: D:/人文/人文/教材/大数据可视化教材/教材代码/1/例1-1.py
===============
<class '_csv.reader'>
['day', 'ammount']
['2020-01-24', '323']
['2020-01-25', '233']
['2020-01-26', '433']
['2020-01-27', '555']
['2020-01-28', '123']
['2020-01-29', '0']
['2020-01-30', '221']
>>>
```

图 1-6　输出每一行结果

【例 1-2】获取 csv 数据中的某一行。

如果只想获取数据的一行，可以先对 reader 进行类型转换，用 list()函数把它转换成列表，然后对列表进行取元素，就可以获取到某一行的内容了。具体程序如下：

```
import csv
with open('data.csv', 'r') as f:
    reader = csv.reader(f)
    result = list(reader)
    print(result[1])
```

例 1-2 实操

程序运行结果如图 1-7 所示。这里我们获取的是第二行的内容，与图 1-6 中第二行的内容相同。

```
Type "help", "copyright", "credits" or "license()" for more inform
ation.
>>>
=============== RESTART: D:/人文/人文/教材/大数据可视化教材/教材
代码/1/例1-2.py ===============
['2020-01-24', '323']
>>>
                                                        Ln: 6 Col: 4
```

图 1-7　csv 数据中的某一行

【例 1-3】获取 csv 数据中的某一列。

如果想要获取其中一列的内容，可以在例 1-1 的基础上，对输出加一个下标，这样输出的就是某一列的内容。具体程序如下：

```
import csv
with open('data.csv', 'r') as f:
    reader = csv.reader(f)
    for i in reader:
        print(i[0])
```

例 1-3 实操

这里获取的是第一列的内容，如图 1-8 所示。

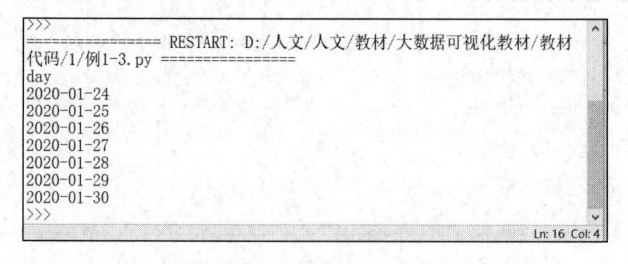

图 1-8 csv 数据中的某一列

很多时候也可以将 csv 先读成字典的形式，再做相应的计算。所以 csv 库也提供了能直接将 csv 文件读取为字典的函数 DictReader()，这将在例 1-6 中与写函数 DictWriter() 一并介绍。

2. 使用 Python 写入 csv 文件

在这里，写入的意思是将数据保存为 csv 格式的文件。写入的方式与写文本文档类似。

注意

Python 写入 csv 文件的步骤为：1）导入 csv 模块；2）创建一个 csv 写文件对象；3）写入 csv 文件。

下面通过几个例子介绍写入的方式。

【例 1-4】直接写入。

可以将数据以列表的形式写入，具体程序如下：

```python
import csv
# 文件头，一般是数据名
fileHeader = ["name", "score"]
# 写入以下两行数据
d1 = ["Wang", "100"]
d2 = ["Li", "80"]
# 写入数据
csvFile = open("instance.csv", "w")
writer = csv.writer(csvFile)
# 写入的内容都是以列表的形式传入函数
writer.writerow(fileHeader)
writer.writerow(d1)
writer.writerow(d1)
csvFile.close()
```

每次写完一行之后，就会自动换行，写完之后的结果如图 1-9 所示。

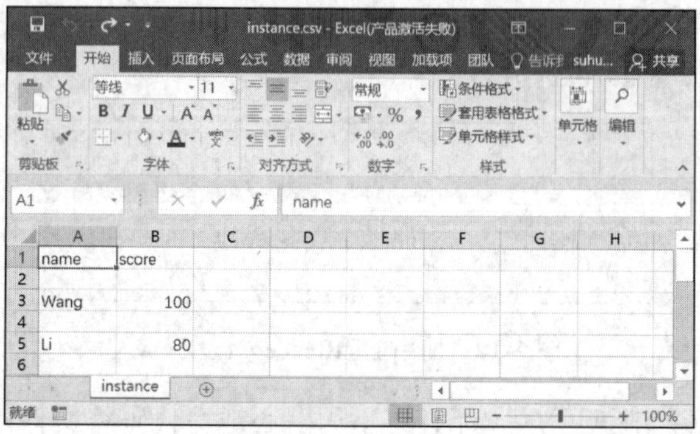

图 1-9　csv 数据写入

需要注意的是每次执行完 writerow()后，都会有一个空行。需要写入多行时，可以使用 writerows()函数实现。所以如果将上面的例子中的 writerow()替换为

```
writer.writerows([fileHeader, d1, d2])
```

即以列表的形式传入参数，每个元素代表需要写入的每行数据，则得到的结果和上面是一样的。

【例 1-5】以追加的方式写入。

除了直接写入，还能实现追加。以上面的程序为例，现在将一行新的数据添加到旧的数据后面，最后写入 csv 文件。具体程序如下：

```
import csv
# 新增的数据行，以列表的形式表示
add_info = ["Guo", 150]
# 以添加的形式写入 csv，跟处理 txt 文件一样，设定关键字"a"，表示追加
csvFile = open("instance.csv", "a")
# 新建对象 writer
writer = csv.writer(csvFile)
# 写入，参数还是列表形式
writer.writerow(add_info)
csvFile.close()
```

【例 1-6】使用 DictReader()读取 csv。

像例 1-5 这种把一个关系型数据库保存为 csv 文件，再使用 Python 读取和处理的情况很常见，但是大多数是以字典形式进行的读写。程序如下：

```
import csv
csvFile = open("instance.csv", "r")
dict_reader = csv.DictReader(csvFile)
```

```
for row in dict_reader:
    print(row)
```

程序运行结果如图 1-10 所示。

```
Type "help", "copyright", "credits" or "license()" for more infor
mation.
>>>
================ RESTART: D:/人文/人文/教材/大数据可视化教材/教材
代码/1/例1-6.py ================
OrderedDict([('name', 'Wang'), ('score', '100')])
OrderedDict([('name', 'Li'), ('score', '80')])
OrderedDict([('name', 'Guo'), ('score', '150')])
>>>                                                     Ln: 8 Col: 4
```

图 1-10   使用 DictReader() 读取 csv

这个形式就非常清晰明了了，而且还不用费心地写代码将文件中的第一行忽略。因为 csv 文件的第一行，即 (name,score) 这一行，能以以下形式输出。

```
import csv
csvFile = open("instance.csv", "r")
dict_reader = csv.DictReader(csvFile)
for row in dict_reader:
    print(row)
```

程序运行结果如图 1-11 所示。

```
Type "help", "copyright", "credits" or "license()" for more inform
ation.
>>>
================ RESTART: D:/人文/人文/教材/大数据可视化教材/教材
代码/1/例1-6.py ================
['name', 'score']
>>>                                                     Ln: 6 Col: 4
```

图 1-11   csv 数据输出

如果觉得 DictReader 对象不方便对数据处理，还想转换成普通的 Python 字典对象，也很容易，使用以下代码即可解决问题。

```
result = {}
for item in dict_reader:
    result[item["name"]] = item["score"]
print(result)
```

程序运行结果如图 1-12 所示。

```
Type "help", "copyright", "credits" or "license()" for more informatio
n.
>>>
================ RESTART: D:/人文/人文/教材/大数据可视化教材/教材代码/
1/例1-6.py ================
{'Wang': '100', 'Li': '80', 'Guo': '150'}
>>>                                                     Ln: 6 Col: 4
```

图 1-12   csv 数据修改

DictReader()函数可以用来把 csv 文件以字典的形式读入，当然还有相对的 DictWriter()函数，即以字典的形式写入内容。

【例 1-7】使用 DictWriter()写入 csv。

具体程序如下：

```
import csv
csvFile = open("instance.csv", "w")
# 文件头以列表的形式传入函数，列表的每个元素表示每一列的标识
fileheader = ["name", "score"]
dict_writer = csv.DictWriter(csvFile, fileheader)
# 如果此时直接写入内容，会导致没有数据名，所以应先写数据名（也就是上面定义的文件头）
# 写数据名
dict_writer.writerow(dict(zip(fileheader, fileheader)))
# 按照（属性：数据）的形式，将字典写入 csv 文件即可
dict_writer.writerow({"name": "Li", "score": "80"})
csvFile.close()
```

程序运行结果如图 1-13 所示。

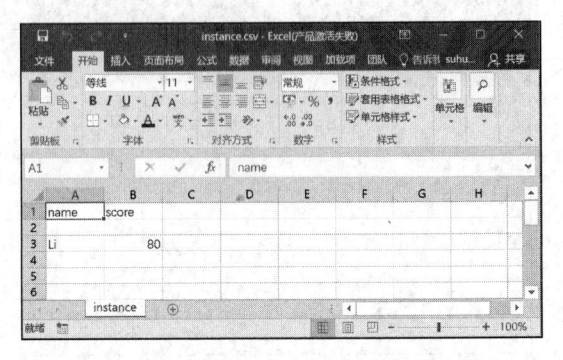

图 1-13　程序运行结果

另外，csv 也提供了专门的函数 writeheader()来实现添加文件头（数据名），从而简化开发者的工作，只需要将下面的代码

```
dict_writer.writerow(dict(zip(fileheader, fileheader)))
```

改成以下形式：

```
dict_writer.writeheader()
```

上面 writerow()和 writeheader()这两个函数的作用是一样的。之所以 writeheader()函数没有任何参数，是因为在建立对象 dict_writer 时，已经设定了参数。

写入完成之后的读取方式具体如下：

```
import csv
```

```
with open("instance.csv", "r") as csvFile:
    dict_reader = csv.DictReader(csvFile)
    for i in dict_reader:
        print(i)
```

1.1.2　数据分析

使用 csv 模块读写 csv 文件的目的就是先对读取到的数据进行处理，即数据分析，然后将处理后的结果保存在原文件或新的文件中。本节通过实例展示这一过程。

【例 1-8】对 csv 文件进行分析与处理。

程序首先读取 instance.csv 数据文件，使用 csv 模块中的 csv.reader() 和 csv.writer() 函数，创建一个读取对象和一个写入对象。然后利用 delimiter 指定 csv 文件的分隔符，默认为逗号。接下来将从 csv 文件中循环读取一行数据，打印后写入新的 csv 对象 instance_out.csv 中，在这一过程中将筛选符合条件的行。选择 name 为 Wang 或者 score 大于 60 的行，并且此处使用 float() 函数将 score 由 str 类型转换为 float 类型。

instance.csv 文件的内容如图 1-14 所示。

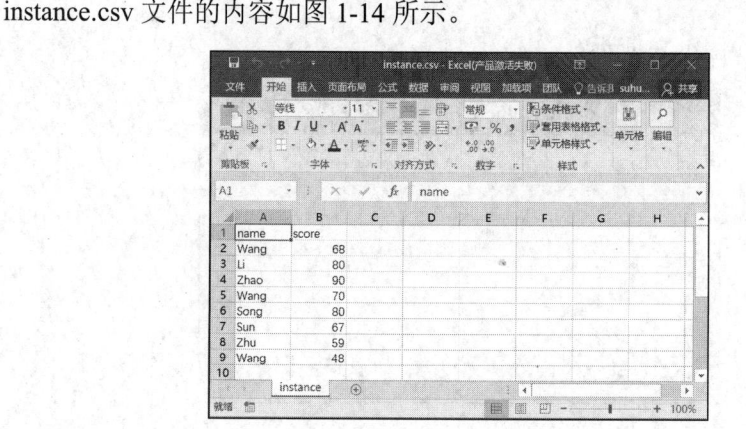

图 1-14　csv 文件分析与处理

具体程序如下：

```
# 使用 csv 模块读写 csv 文件
# csv_pandas_1
# !/usr/bin/env python3
# 导入 csv 库
import csv
input_file = 'instance.csv'
output_file = 'instance_out.csv'
with open(input_file, 'r', newline='') as csv_in_file:
    with open(output_file, 'w', newline='') as csv_out_file:
        # 使用 csv 模块中 csv.reader() 和 csv.writer() 函数，创建一个读取对象和
```

一个写入对象

```
# delimiter指定csv文件的分隔符，默认为逗号
filereader = csv.reader(csv_in_file, delimiter=',')
filewriter = csv.writer(csv_out_file, delimiter=',')
header = next(filereader)
filewriter.writerow(header)
# 循环从csv文件中读取一行数据，并将其打印出来，然后写入csv写入对象
# 筛选符合条件的行
for row_list in filereader:
    # print(row_list[0])
    name = str(row_list[0]).strip()
    # print(row_list[1])
    score = str(row_list[1]).strip('$').replace(',', '')
    # print(score)
    # print(type(cost))
    # 选择姓名为Wang或者score > 60的行
    # 此处使用int()函数将score由str类型转换为int类型
    if (name == 'Wang') or (int(score) > 60):
        filewriter.writerow(row_list)
        print(row_list)
```

程序运行后，instance_out.csv文件的内容如图1-15所示。

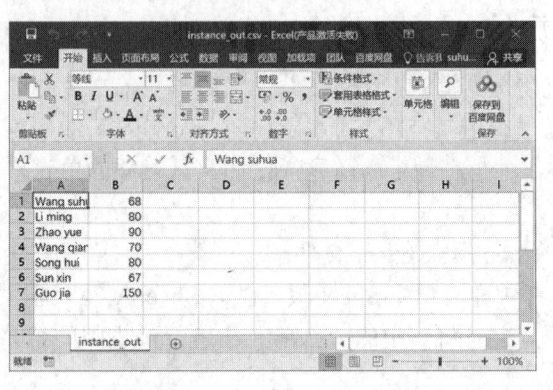

图1-15 程序运行后instance_out.csv文件内容

从图1-15中可以看出，程序成功地将数据按照条件从instance.csv文件中被筛选了出来。

1.2 Excel文件操作

虽然Excel数据可以利用Excel软件制作图形，但是如果需要对其中的数据进行更多更灵活的可视化操作，就需要把数据从Excel文件中用Python读取出来并编程处理和

保存。

Python 用于读写 Excel 文件的库有很多，除了强大的 pandas 外，还有 xlrd、xlwt、openpyxl、xlwings 等。

- xlrd：从 Excel 中读取数据，支持 xls、xlsx 格式。
- xlwt：对 Excel 进行修改操作，不支持对 xlsx 格式的修改。
- xlutils：在 xlw 和 xlrd 中，对一个已存在的文件进行修改。
- openpyxl：主要针对 xlsx 格式的 Excel 文件进行读取和编辑。
- xlwings：对 xlsx、xls、xlsm 格式的文件进行读写、格式修改等操作。
- xlsxwriter：用来生成 Excel 表格，进行插入数据、插入图标等表格操作，不支持读取。
- Microsoft Excel API：需安装 pywin32，直接与 Excel 进程通信，可以做任何在 Excel 里可以做的事情，但比较慢。

Python 操作 Excel 文件主要用到的是 xlrd 和 xlwt 这两个库，即 xlrd 是读 Excel，xlwt 是写 Excel 的库。可以从网址 https://pypi.org/ 下载这两个库文件。当然，也可以直接用下面的命令安装该模块：

```
pip install xlrd
pip install xlwt
```

下面分别使用介绍 Python 读和写 Excel 文件的方法。

1.2.1　Excel 文件读写

在这里，我们先将数据写入 Excel 文件，然后再从该文件中读取数据。

Python 写 Excel 文件的难点不在于构造一个 workbook 的本身，而是填充的数据。在写 Excel 文件的操作中也有棘手的问题，比如写入合并的单元格就比较麻烦，写入还会出现不同的样式。

【例 1-9】使用 Python 写入 Excel 文件。

本程序将在 Excel 中建立学生 Sheet 页，在该 Sheet 中写入学生的姓名、年龄、出生日期、爱好 4 列数据，并且将其中的一些单元格进行不规则的合并。程序如下：

```
import xlwt
# 设置表格样式
def set_style(name,height,bold=False):
    style = xlwt.XFStyle()
    font = xlwt.Font()
    font.name = name
    font.bold = bold
    font.color_index = 4
    font.height = height
```

```python
    style.font = font
    return style

# 写 Excel
def write_excel():
    f = xlwt.Workbook()
    sheet1 = f.add_sheet('学生',cell_overwrite_ok=True)
    row0 = ["姓名","年龄","出生日期","爱好"]
    colum0 = ["张三","李四","练习 Python","小明","小红","无名"]
    # 写第一行
    for i in range(0,len(row0)):
        sheet1.write(0,i,row0[i],set_style('Times New Roman',220,True))
    # 写第一列
    for i in range(0,len(colum0)):
        sheet1.write(i+1,0,colum0[i],set_style('Times New Roman',220,
True))

        sheet1.write(1,3,'2006/12/12')
        sheet1.write_merge(6,6,1,3,'未知')      # 合并行单元格
        sheet1.write_merge(1,2,3,3,'打游戏')     # 合并列单元格
        sheet1.write_merge(4,5,3,3,'打篮球')

    f.save('test.xls')

if __name__ == '__main__':
    write_excel()
```

程序运行后，生成的 Excel 文件如图 1-16 所示。

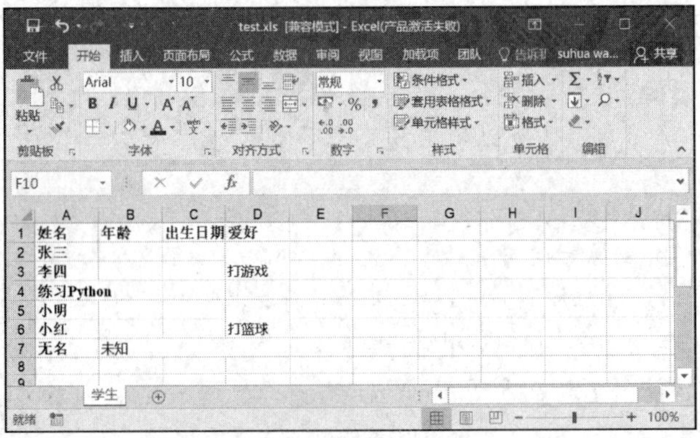

图 1-16 生成的 Excel 文件

在此，对 write_merge() 的用法稍做解释，如 sheet1.write_merge(1,2,3,3,'打游戏')，即表示在第 4 列合并第 2、3 行单元格，合并后的单元格内容为"打游戏"，并设置了样式。其中，里面所有的参数都是以 0 开始计算的。

1.2.2 数据分析

Python 对 Excel 数据可以进行按条件筛选。

【例 1-10】现在有如图 1-17 所示的成绩单，该表中是 1～5 班所有同学的成绩，用程序实现如下功能：

1）按照班级把同一个班级的所有成员筛选出来；

2）筛选出来的数据作为单独的 Excel 表生成保存。

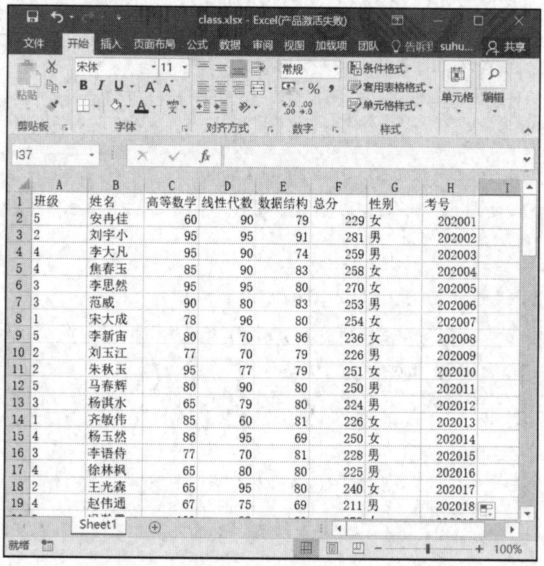

班级	姓名	高等数学	线性代数	数据结构	总分	性别	考号
5	安冉佳	60	90	79	229	女	202001
2	刘宇小	95	95	91	281	男	202002
4	李大凡	95	90	74	259	男	202003
4	焦春玉	85	90	83	258	女	202004
3	李思然	95	95	80	270	女	202005
3	范威	90	80	83	253	男	202006
1	宋大成	78	96	80	254	女	202007
5	李新宙	80	70	86	236	女	202008
2	刘玉江	77	70	79	226	男	202009
2	朱秋玉	95	77	79	251	女	202010
5	马春辉	80	90	80	250	男	202011
3	杨淇水	65	79	80	224	男	202012
1	齐敏伟	85	60	81	226	女	202013
4	杨玉然	86	95	69	250	女	202014
3	李语倚	77	70	81	228	男	202015
4	徐林枫	65	80	80	225	男	202016
2	王光森	65	95	80	240	女	202017
4	赵伟通	67	75	69	211	男	202018

图 1-17　成绩单

具体程序如下：

```
# -*- coding:utf-8 -*-

import openpyxl

# 加载 Excel 源数据
path = "class.xlsx"
workbook = openpyxl.load_workbook(path)
sheet_names = workbook.sheetnames
sheet1 = workbook[sheet_names[0]]

# 读取 Excel 文件中 Sheet1 中的所有数据
allDatas = []
for row in sheet1.rows:
    lines = [cell.value for cell in row]
    allDatas.append(lines)
```

```python
# 划分班级
title = []
class1 = []
class2 = []
class3 = []
class4 = []
class5 = []

for i in allDatas:
    if i[0] == "1":
        class1.append(i)
    elif i[0] == "2":
        class2.append(i)
    elif i[0] == "3":
        class3.append(i)
    elif i[0] == "4":
        class4.append(i)
    elif i[0] == "5":
        class5.append(i)
    else:
        title.append(i)
class1.insert(0,title[0])  # 在每个生成的 Excel 中插入标题
class2.insert(0,title[0])
class3.insert(0,title[0])
class4.insert(0,title[0])
class5.insert(0,title[0])
print(class1)
# 把每个年级的数据分别保存为一个文件
def get_datas(datas,path):
    workbook = openpyxl.Workbook()
    worksheet = workbook.active
    # worksheet.title = "Class1_Datas"
    counter = 0
    for lines in datas:
        #print(lines)
        counter = counter + 1
        for i in range(len(lines)):
            worksheet.cell(counter, i + 1, lines[i])
        workbook.save(path)
    return workbook

if __name__ == "__main__":
```

```
# 设定生成文件的路径并指明文件名
class1_datas = "class1_datas.xlsx"
class2_datas = "class2_datas.xlsx"
class3_datas = "class3_datas.xlsx"
class4_datas = "class4_datas.xlsx"
class5_datas = "class5_datas.xlsx"

# 调用方法写入文件
print("班级 1 成绩单生成成功！",get_datas(class1,class1_datas))
print("班级 2 成绩单生成成功！",get_datas(class2, class2_datas))
print("班级 3 成绩单生成成功！", get_datas(class3, class3_datas))
print("班级 4 成绩单生成成功！",get_datas(class4, class4_datas))
print("班级 5 成绩单生成成功！",get_datas(class5, class5_datas))
```

该程序使用的处理 Excel 的模块为前面没有使用过的新模块 openpyxl。程序先加载 Excel 数据文件，在 path 变量中是该 Excel 数据文件的相对路径，当然也可以设置为绝对路径。然后循环读取该 Excel 文件中 Sheet1 中的所有数据，把每个年级按 1、2、3、4、5 班进行划分并且在每个生成的 Excel 中插入 title，每个年级的数据筛选出来后设定保存路径并分别保存在该路径下（共 5 个文件）。

程序运行后，生成文件的路径中所有文件如图 1-18 所示。

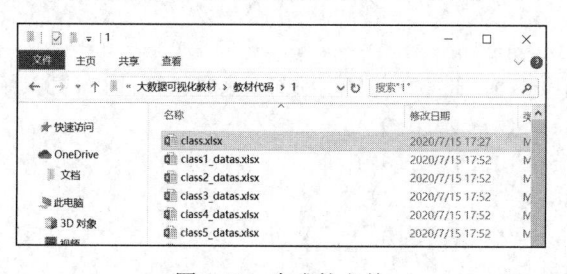

图 1-18　生成的文件

代码的运行结果如图 1-19 所示。

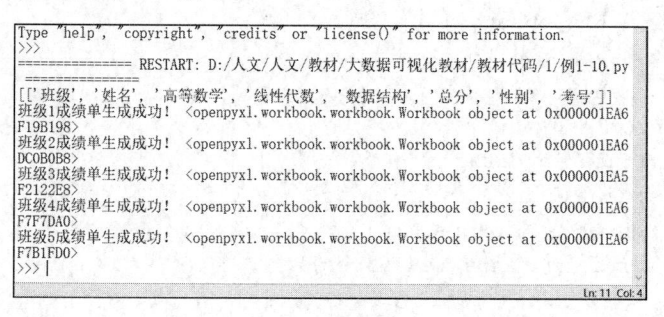

图 1-19　运行结果

上面的程序成功地将数据按照条件进行了筛选，实现了数据分类功能。

1.3 JSON 文件操作

JSON（JavaScript object notation，JS 对象简谱）是一种轻量级的数据交换格式，它基于 ECMAScript 的一个子集。JSON 采用完全独立于语言的文本格式，但是也使用了类似于 C 语言家族的习惯（包括 C、C++、Java、JavaScript、Perl、Python 等）。这些特性使 JSON 成为理想的数据交换语言，易于人阅读和编写，同时也易于机器解析和生成（一般用于提升网络传输速率）。

1.3.1 JSON 文件读写

JSON 文件的数据形式，在 Python 中分别由 list 和 dict 组成，下面就是一个 JSON 数据文件：

```
[{"fontFamily": "微软雅黑","fontSize": 12,"BaseSettings":{"font":1,
"size":2}}
    {"fontFamily": " 微黑 ","fontSize": 22, "BaseSettings":{"font":2,
"size":3}}]
```

Python 的 json 模块以及 pickle 模块可以将 JSON 数据序列化，也就是说可以使 JSON 类型的数据与 Python 对象互相转换。它们的区别在于：

- json：用于在字符串和 Python 数据类型间进行转换。
- pickle：用于在 Python 特有的类型和 Python 的数据类型间进行转换。

json 模块提供了 4 个功能：dumps、dump、loads 和 load。

pickle 模块也提供了 4 个功能：dumps、dump、loads 和 load。

Python 中与 json 读写相关的主要是 json 模块的以下 4 个函数：

- dumps()：将一个 Python 对象编码为 json 对象。
- loads()：将一个 json 对象解析为 Python 对象。
- dump()：将 Python 对象写入文件。
- load()：从文件中读取 json 数据。

json 可以在不同语言之间交换数据，而 pickle 只在 Python 之间使用。json 只能序列化最基本的数据类型，只能把常用的数据类型序列化（列表、字典、列表、字符串、数字），而对于日期格式及类对象等，josn 则不支持。pickle 可以序列化所有的数据类型，包括类、函数。

【例 1-11】利用 dumps()将 Python 中的字典转换为字符串。

具体程序如下：

```
import json

test_dict = {'bigberg': [7600, {1: [['iPhone', 6300], ['Bike', 800],
```

```
['shirt', 300]]}]}
    print(test_dict)
    print(type(test_dict))
    # dumps 将数据转换成字符串
    json_str = json.dumps(test_dict)
    print(json_str)
    print(type(json_str))
```

通过 json.dumps()函数将字典类型的变量 test_dict 转换成了字符串类型的变量 json_str。程序的运行结果如图 1-20 所示。

```
Type "help", "copyright", "credits" or "license()" for more information.
>>>
============== RESTART: D:/人文/人文/教材/大数据可视化教材/教材代码/1/例1-11
.py ===============
{'bigberg': [7600, {1: [['iPhone', 6300], ['Bike', 800], ['shirt', 300]]}]}
<class 'dict'>
{"bigberg": [7600, {"1": [["iPhone", 6300], ["Bike", 800], ["shirt", 300]]}]}
<class 'str'>
>>>
                                                                    Ln: 9 Col: 4
```

图 1-20　运行结果

可以从输出结果中看出，变量的值看上去没有发生变化，但是其数据类型却不同了。也可以利用 json.load()函数，将 json_str 变量的值转换回字典类型，具体程序如下。

```
    new_dict = json.loads(json_str)
```

json.dump()可以将新的 json 数据写入 JSON 文件中，代码如下：

```
    with open("record.json","w") as f:
        json.dump(new_dict,f)
```

还可以利用 json.load()函数把文件打开，并把字符串变换为 Python 对象。代码如下：

```
    with open("../config/record.json",'r') as load_f:
        load_dict = json.load(load_f)
        print(load_dict)
    load_dict['smallberg'] = [8200,{1:[['Python',81],['shirt',300]]}]
    print(load_dict)
    with open("../config/record.json","w") as dump_f:
        json.dump(load_dict,dump_f)
```

其实可以将这些 Python 原始类型与 JSON 类型之间的互相转换过程理解为二者之间的编码与解码过程。json.dumps()是对数据进行编码，json.loads()是对数据进行解码。

Python 编码为 JSON 类型的转换对应表如表 1-1 所示。

表 1-1　Python 编码为 JSON 类型的转换对应表

Python	JSON
dict	object
list,tuple	array
str	string
int,float, int-& float-derived Enums	number
True	true
False	false
None	null

JSON 解码为 Python 类型的转换对应表如表 1-2 所示。

表 1-2　JSON 解码为 Python 类型的转换对应表

JSON	Python
object	dict
array	list
string	str
number (int)	int
number (real)	float
true	True
false	False
null	None

1.3.2　数据分析

Python 可以对 JSON 文件进行读写，下面介绍将从键盘输入的数据写入 JSON 文件并从中读取出来的方法。

【例 1-12】使用 Python 对 JSON 文件进行读写。

具体程序如下：

```python
import json
f_name = 'msginp_10_11.json'
msg_inp = input('请输入您喜欢的数字：')
with open(f_name,'w') as fn:
    json.dump(msg_inp,fn)                  # 实际作用等同于如下两行
    # json_str = json.dumps(msg_inp)       # 将字符串转换为 JSON 格式
    # fn.write(json_str)                    # 将 JSON 格式的字符串写入文件
# 读 JSON 数据
with open(f_name) as fn1:
    c = json.load(fn1)
    print('I know your favorite number! It\'s '+ c)
```

该程序是假设输入的数据为你喜欢的数字，将该数字写入到 JSON 文件中，然后打开该文件并读出该数字，输出 I know your favorite number! It's+你所输入的数字值。

代码的运行结果如图 1-21 所示。

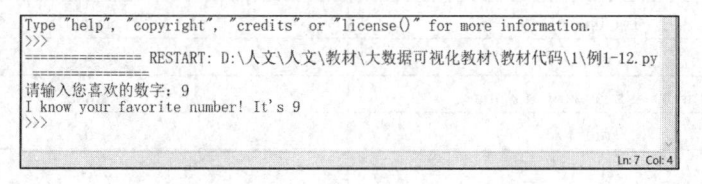

图 1-21　运行结果

1.4　XML 文件操作

XML（extensible markup language，可扩展标记语言），被设计用来传输和存储数据。XML 是一套定义语义标记的规则，这些标记将文档分成许多部件并对这些部件加以标识。它也是元标记语言，即定义了用于定义其他与特定领域有关的、语义的、结构化的标记语言的句法语言。

XML 格式的数据既便于机器读取，也便于人工读取。对 XML 数据格式说明如下：

- Tag：使用<和>包围的部分。
- Element：被 Tag 包围的部分，如 2003，可以认为是一个节点，它可以有子节点。
- Attribute：在 Tag 中可能存在的 name/value 对，如 title="Enemy Behind"，一般表示属性。

1.4.1　XML 文件读写

在 Python 中，常见的 XML 编程接口有 DOM 和 SAX，这两种接口处理 XML 文件的方式不同，使用的场合也不同，这在其官方文档中都有明确的描述。Python 有三种方法解析 XML 文件，即 SAX、DOM 和 ElementTree，下面分别进行介绍。

1. SAX

SAX（simple API for XML）是一种基于事件驱动的 API。利用 SAX 解析 XML 文件牵涉到两个部分：解析器和事件处理器。解析器负责读取 XML 文件，并向事件处理器发送事件，如元素开始跟元素结束事件。而事件处理器则负责对事件做出响应，对传递的 XML 数据进行处理。

Python 标准库包含 SAX 解析器，SAX 用事件驱动模型，通过在解析 XML 的过程中触发一个个的事件并调用用户定义的回调函数来处理 XML 文件。在 Python 中使用 SAX 方式处理 XML 要先引入 xml.sax 中的 parse()函数，还有 xml.sax.handler 中的 ContentHandler。

2. DOM

DOM（document object model，文件对象模型）是 W3C 组织推荐的处理可扩展标记语言的标准编程接口。一个 DOM 的解析器在解析一个 XML 文档时，一次性读取整个文档，把文档中所有元素保存在内存中的一个树结构里，之后可以利用 DOM 提供的不同函数来读取或修改文档的内容和结构，也可以把修改过的内容写入 XML 文件。它是将 XML 数据在内存中解析成一个树，通过对树的操作来操作 XML 文件。

3. ElementTree

ElementTree（元素树）就像一个轻量级的 DOM，具有方便友好的 API。其代码可用性好，速度快，消耗内存少。

因 DOM 需要将 XML 数据映射到内存中的树，一是比较慢，二是比较耗内存，而 SAX 流式读取 XML 文件比较快，占用内存少，但需要用户实现回调函数（handler）。

ElementTree 解析 XML 有以下三种方法：

1）调用 parse()方法，返回解析树，例如：

```
tree = ET.parse('movie.xml')
root = tree.getroot()
```

2）调用 from_string()，返回解析树的根元素，例如：

```
data = open('movie.xml').read()
root = ET.fromstring(data)
```

3）调用 ElementTree 类的 ElementTree(self, element=None, file=None) 方法，例如：

```
tree = ET.ElementTree(file="./resource/movie.xml")
root = tree.getroot()
```

Element 对象的属性有以下几个：

- tag：标签。
- text：去除标签，获得标签中的内容。
- attrib：获取标签中的属性和属性值。
- tail：这个属性可以用来保存与元素相关联的附加数据。它的值通常是字符串，但可能是特定于应用程序的对象。

Element 对象的方法有以下几个：

- clear()：清除所有子元素和所有属性，并将文本和尾部属性设置为 None。
- get(attribute_name, default=None)：通过指定属性名获取属性值。
- items()：以键值对的形式返回元素属性。
- keys()：以列表的方式返回元素名。

- set(attribute_name,attribute_value)：在某标签中设置属性和属性值。
- append(subelement)：将元素子元素添加到元素的子元素内部列表的末尾。
- extend(subelements)：追加子元素。
- find(match, namespaces=None)：找到第一个匹配的子元素，match 可以是标签名或者 path。返回 Elememt 实例或 None。
- findall(match, namespaces=None)：找到所有匹配的子元素，返回一个元素列表。
- findtext(match, default=None, namespaces=None)：找到匹配第一个子元素的文本，返回匹配元素中的文本内容。
- getchildren()：Python 3.2 之后使用 list(elem)或 iteration。
- getiterator(tag=None)：Python 3.2 之后使用 Element.iter()。
- iter(tag=None)：以当前元素为根创建树迭代器。迭代器遍历这个元素和它下面的所有元素（深度优先级）。如果标签不是 None 或*，那么只有等于标签的元素才会从迭代器返回。如果在迭代过程中修改树结构，则结果是未定义的。
- iterfind(match, namespaces=None)：匹配满足条件的子元素，返回元素。

```
class xml.etree.ElementTree.ElementTree(element=None, file=None)
```

ElementTree 是一个包装器类,这个类表示一个完整的元素层次结构,并为标准 XML 的序列化添加了一些额外的支持。

- setroot(element)：替换根元素，原来的根元素中的内容会消失。
- find(match, namespaces=None)：从根元素开始匹配，和 Element.find()的作用一样。
- findall(match, namespaces=None)：从根元素开始匹配，和 Element.findall()的作用一样。
- findtext(match, default=None, namespaces=None)：从根元素开始匹配，和 Element.findtext()的作用一样。
- getiterator(tag=None)：Python 3.2 之后使用 ElementTree.iter()代替。
- iter(tag=None)：迭代所有元素。
- iterfind(match, namespaces=None)：从根元素开始匹配，和 Element.iterfind()的作用一样。
- parse(source, parser=None)：解析 XML 文本，返回根元素。
- write(file, encoding="us-ascii", xml_declaration=None, default_namespace=None, method="xml", *, short_empty_elements=True)：写出 XML 文本。

【例 1-13】XML 文件的创建。

利用 ElementTree 创建 XML 文件，具体程序如下：

```
import xml.etree.ElementTree as ET

new_xml=ET.Element('personinfolist')    # 最外面的标签名
personinfo=ET.SubElement(new_xml,'personinfo',attrib={'enrolled':'
```

```
aaa'})  # 对应的参数为：父级标签是谁，当前标签名，当前标签属性与值
      name=ET.SubElement(personinfo,'name')
      name.text='xaoming'
      age=ET.SubElement(personinfo,'age',attrib={'checked':'yes'})
      age.text='23'
      personinfo2=ET.SubElement(new_xml,'personinfo',attrib={'enrolled':
'bbb'})
      name=ET.SubElement(personinfo2,'name')
      name.text='xaokong'
      age=ET.SubElement(personinfo2,'age',attrib={'checked':'no'})
      age.text='20'

      et=ET.ElementTree(new_xml)
      et.write('text1.xml',encoding='utf-8',xml_declaration=True)  # 生成
text1.xml
```

程序中首先设置最外层标签名，然后依次设置各级标签，并且给出最内层标签的属性与值。程序执行后会在程序同一路径下生成 text1.xml 文件，如图 1-22 所示。

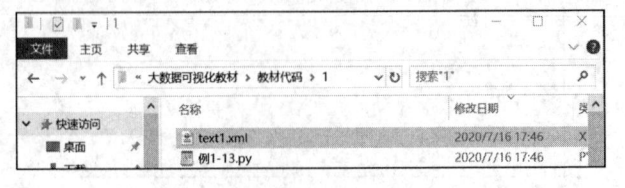

图 1-22　生成 text1.xml 文件

可以利用浏览器或其他文件打开 text1.xml，内容如图 1-23 所示。

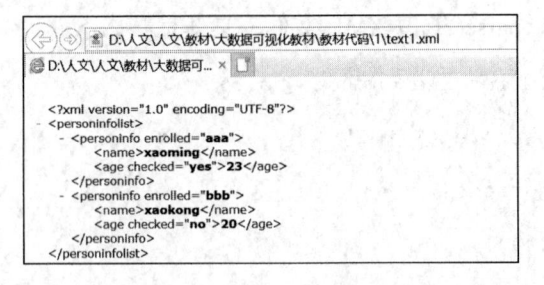

图 1-23　text1.xml 文件内容

【例 1-14】XML 文件的查询。

利用 ElementTree.parse()查询 XML 文件，具体程序如下：

```
import xml.etree.ElementTree as ET

tree=ET.parse('text1.xml')
```

```
root=tree.getroot()

print(root.tag)

# 遍历 XML 文档
for i in root:
    print(i.tag,i.attrib)     # tag 是指标签名，attrib 是指标签里的属性，text 是指标签内容
    for j in i:
        print(j.tag,j.attrib,j.text)
        for k in j:
            print(k.tag,k.attrib,k.text)

# 只遍历 year 标签
for w in root.iter('year'): # 只遍历指定标签
    print(w.tag,w.text)
```

该程序主要是利用 for 循环对 XML 文件内容进行遍历，获取到该文件中的 tag、attrib 和 text。程序运行结果如图 1-24 所示。

Type "help", "copyright", "credits" or "license()" for more information.
>>>
============== RESTART: D:\人文\人文\教材\大数据可视化教材\教材代码\1\例1-13.py
==============
>>>
============== RESTART: D:/人文/人文/教材/大数据可视化教材/教材代码/1/例1-14.py
==============
personinfolist
personinfo {'enrolled': 'aaa'}
name {} xaoming
age {'checked': 'yes'} 23
personinfo {'enrolled': 'bbb'}
name {} xaokong
age {'checked': 'no'} 20
>>> |

Ln: 14 Col: 4

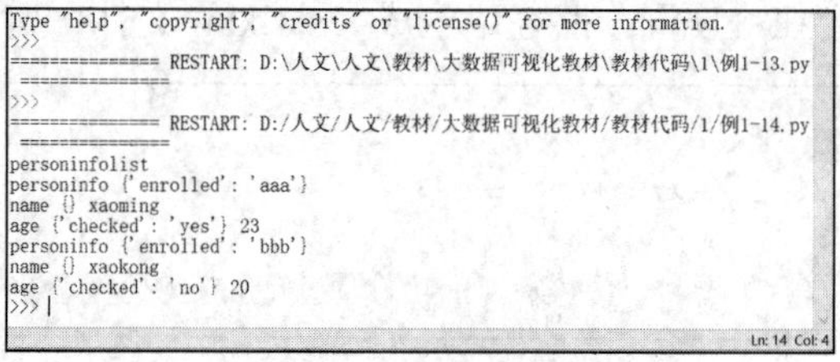

图 1-24　运行结果

【例 1-15】XML 文件的修改。

利用 ElementTree.parse()修改 XML 文件，具体程序如下：

```
import xml.etree.ElementTree as ET

tree=ET.parse('text1.xml')

root=tree.getroot()

print(root.tag)

# 修改 xml
for node in root.iter('name'):          # 要修改的标签
    new_name=node.text+'Wang'
    node.text=new_name
    node.set('updsted_by','kong')       # 为标签 year 添加新的属性

tree.write('text1.xml')                 # 再把数据写回去
```

该程序主要是利用 for 循环对 XML 文件内容进行修改，为指定的标签添加新的属性及相应的值，最后将数据写回到原 XML 文件中。程序执行后 XML 内容如图 1-25 所示。

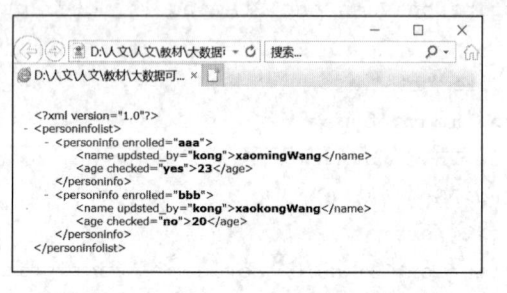

图 1-25 修改后的 XML 文件

1.4.2 数据分析

下面结合具体的电影数据进行数据分析。

【例 1-16】使用 Python 对 XML 文件进行读写。

下面是几部电影的数据文件，包括电影名、电影类型、存储格式、年份、评分、星级以及电影描述。其 XML 文件内容如下：

```xml
<?xml version="1.0" encoding="UTF-8"?>
<collection shelf="New Arrivals">
    <movie title="Enemy Behind">
        <type>War, Thriller</type>
        <format>DVD</format>
        <year>2003</year>
        <rating>PG</rating>
        <stars>10</stars>
        <description>Talk about a US-Japan war</description>
    </movie>
    <movie title="Transformers">
        <type>Anime, Science Fiction</type>
        <format>DVD</format>
        <year>1989</year>
        <rating>R</rating>
        <stars>8</stars>
        <description>A schientific fiction</description>
    </movie>
    <movie title="Trigun">
        <type>Anime, Action</type>
        <format>DVD</format>
        <episodes>4</episodes>
```

```
        <rating>PG</rating>
        <stars>10</stars>
        <description>Vash the Stampede!</description>
    </movie>
    <movie title="Ishtar">
        <type>Comedy</type>
        <format>VHS</format>
        <rating>PG</rating>
        <stars>2</stars>
        <description>Viewable boredom</description>
    </movie>
</collection>
```

这个文件的数据相对比较简单，只有三层，即 collection、movie 和电影的各个属性标签。下面编写代码对上面的 XML 文件进行解析，解析之后再分别格式化成字典和 JSON 格式的数据并输出。具体程序如下：

```python
from xml.etree import ElementTree as ET
import json

tree = ET.parse('./resource/movie.xml')
root = tree.getroot()

all_data = []

for movie in root:
    # 存储电影数据的字典
    movie_data = {}
    # 存储属性的字典
    attr_data = {}

    # 取出 type 标签的值
    movie_type = movie.find('type')
    attr_data['type'] = movie_type.text

    # 取出 format 标签的值
    movie_format = movie.find('format')
    attr_data['format'] = movie_format.text

    # 取出 year 标签的值
    movie_year = movie.find('year')
    if movie_year:
        attr_data['year'] = movie_year.text

    # 取出 rating 标签的值
```

```
        movie_rating = movie.find('rating')
        attr_data['rating'] = movie_rating.text
        # 取出 stars 标签的值
        movie_stars = movie.find('stars')
        attr_data['stars'] = movie_stars.text
        # 取出 description 标签的值
        movie_description = movie.find('description')
        attr_data['description'] = movie_description.text
        # 获取电影名字，以电影名为字典的键，属性信息为字典的值
        movie_title = movie.attrib.get('title')
        movie_data[movie_title] = attr_data
        # 存入列表中
        all_data.append(movie_data)
    print(all_data)
    # all_data 此时是一个列表对象，用 json.dumps() 将 Python 对象转换为 json 字符串
    json_str = json.dumps(all_data)
    print(json_str)
```

程序运行结果如图 1-26 所示。

```
Type "help", "copyright", "credits" or "license()" for more information.
>>>
=============== RESTART: D:/人文/人文/教材/大数据可视化教材/教材代码/1/例1-14.py
===============
[{'Enemy Behind': {'type': 'War, Thriller', 'format': 'DVD', 'rating': 'PG', 'stars': '10', 'description': 'Talk about a US-Japan war'}}, {'Transformers': {'type': 'Anime, Science Fiction', 'format': 'DVD', 'rating': 'R', 'stars': '8', 'description': 'A schientific fiction'}}, {'Trigun': {'type': 'Anime, Action', 'format': 'DVD', 'rating': 'PG', 'stars': '10', 'description': 'Vash the Stampede!'}}, {'Ishtar': {'type': 'Comedy', 'format': 'VHS', 'rating': 'PG', 'stars': '2', 'description': 'Viewable boredom'}}]
[{"Enemy Behind": {"type": "War, Thriller", "format": "DVD", "rating": "PG", "stars": "10", "description": "Talk about a US-Japan war"}}, {"Transformers": {"type": "Anime, Science Fiction", "format": "DVD", "rating": "R", "stars": "8", "description": "A schientific fiction"}}, {"Trigun": {"type": "Anime, Action", "format": "DVD", "rating": "PG", "stars": "10", "description": "Vash the Stampede!"}}, {"Ishtar": {"type": "Comedy", "format": "VHS", "rating": "PG", "stars": "2", "description": "Viewable boredom"}}]
>>>
```

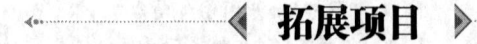

图 1-26 运行结果

由程序运行结果可以看出，对 XML 数据解析后，可以输出为字典和 JSON 格式的数据。

拓展项目

题目：基于数据文件 constellation.csv，读取该文件中的数据，获得用户输入。用户通过键盘输入一组范围是 1～12 的整数作为序号，序号间采用空格分隔，以 Enter 键结束。屏幕输出这些序号对应的星座的名称、字符编码以及出生日期范围，每个星座的信

息一行。本次屏幕显示完成后，重新回到输入序号的状态。

参考输入和输出示例格式如下：

```
Gemini（9802）的生日是 5 月 21 日到 6 月 21 日之间
Scorpio（9807）的生日是 10 月 24 日到 11 月 22 日之间
```

请输入星座序号（例如，5）。

要求：在本项目程序基础上进行修改。

提示：与本项目类似，在代码中使用循环结构和分支结构相结合的方式，根据用户键盘输入的序号输出星座的名称、字符编码和生日范围。

课 后 练 习

1. 从 testdata.txt 中提取 ip、serialNumber 和 mobile 三列内容并以逗号分隔，然后再写入 csv 文件中。

1）testdata.txt 文件内容如下：

[10.223.80.184] out: Serial Number: dCrtoCkh-ba5a-46f7-93e5-mMV02nyg mobile: 13292163519 OFcRnGG4

[10.223.80.7] out: Serial Number: QaNk1tQr-ba5a-46f7-93e5-Tp9Ho2cZ mobile: 13249011314 nbEPGXQh

2）将提取的内容保存到 t2.txt，具体内容如下：

10.223.80.184,dCrtoCkh-ba5a-46f7-93e5-mMV02nyg,13292163519

10.223.80.7,QaNk1tQr-ba5a-46f7-93e5-Tp9Ho2cZ,13249011314

3）将 t2.txt 写入到 csv 文件中。

4）将 t2.txt 写入 Excel 文件中。

2. 将下面 value1 及 value2 的值写入 Excel 文件中，其他参数如下。

```
book_name_xls = 'xls格式测试工作簿.xls'
sheet_name_xls = 'xls格式测试表'
value_title = [["姓名", "性别", "年龄", "城市", "职业"],]
value1 = [["张三", "男", "19", "杭州", "研发工程师"],
          ["李四", "男", "22", "北京", "医生"],
          ["王五", "女", "33", "珠海", "出租车司机"],]
value2 = [["Tom", "男", "21", "西安", "测试工程师"],
          ["Jones", "女", "34", "上海", "产品经理"],
          ["Cat", "女", "56", "上海", "教师"],]
```

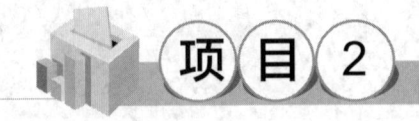

项目 2

某地区近五年人口统计

▶ **项目背景**

　　近些年，在全球范围内普遍出现社会老龄化问题，为了了解我国某地区每年新增人口情况，需要对该地区新增人口进行统计分析。如何有效地利用数据可视化工具，将每年的数据进行筛选、计算和统计，则对指导该地区的人口计划工作非常有帮助。

▶ **学习目标**

※知识目标

- 掌握开发环境的搭建方法。
- 掌握可视化图形的绘制过程。
- 理解 6 种第三方模块文件。

※能力目标

- 能够安装 Python 开发环境。
- 能够安装及卸载第三方模块文件。
- 能够绘制线形图。

※素质目标

- 逻辑思维能力。
- 分析能力。
- 解决实际问题的能力。

项目实现

【项目描述】

本项目分析某地区近五年（2016～2020 年）人口出生数量的趋势，并对该趋势进行数据可视化。该项目主要用到了与 Python 相关的 matplotlib 模块、numpy 模块和 pandas 模块。

本项目要实现的功能包括：

1）读取 births.csv 文件中的数据，如图 2-1 所示；

2）按年份统计出每年出生的人数；

3）求出平均值、标准差、最大值和最小值；

4）在一张图中同时显示出以上 4 种值的折线图。

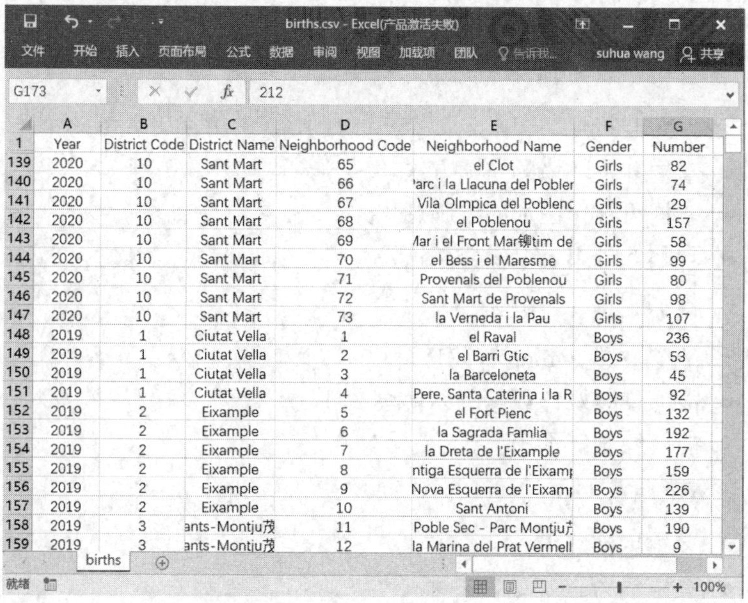

	A	B	C	D	E	F	G
1	Year	District Code	District Name	Neighborhood Code	Neighborhood Name	Gender	Number
139	2020	10	Sant Mart	65	el Clot	Girls	82
140	2020	10	Sant Mart	66	'arc i la Llacuna del Pobler	Girls	74
141	2020	10	Sant Mart	67	Vila Olmpica del Poblenc	Girls	29
142	2020	10	Sant Mart	68	el Poblenou	Girls	157
143	2020	10	Sant Mart	69	Aar i el Front Mar铟tim de	Girls	58
144	2020	10	Sant Mart	70	el Bess i el Maresme	Girls	99
145	2020	10	Sant Mart	71	Provenals del Poblenou	Girls	80
146	2020	10	Sant Mart	72	Sant Mart de Provenals	Girls	98
147	2020	10	Sant Mart	73	la Verneda i la Pau	Girls	107
148	2019	1	Ciutat Vella	1	el Raval	Boys	236
149	2019	1	Ciutat Vella	2	el Barri Gtic	Boys	53
150	2019	1	Ciutat Vella	3	la Barceloneta	Boys	45
151	2019	1	Ciutat Vella	4	Pere, Santa Caterina i la R	Boys	92
152	2019	2	Eixample	5	el Fort Pienc	Boys	132
153	2019	2	Eixample	6	la Sagrada Famlia	Boys	192
154	2019	2	Eixample	7	la Dreta de l'Eixample	Boys	177
155	2019	2	Eixample	8	ntiga Esquerra de l'Eixamp	Boys	159
156	2019	2	Eixample	9	Nova Esquerra de l'Eixamp	Boys	226
157	2019	2	Eixample	10	Sant Antoni	Boys	139
158	2019	3	ants-Montju茂	11	Poble Sec - Parc Montju亓	Boys	190
159	2019	3	ants-Montju茂	12	la Marina del Prat Vermell	Boys	9

图 2-1　births.csv 文件数据

本项目的任务是将数据进行提取，并简单统计和计算后绘制折线图。项目数据是.csv 格式的数据文件，存储了近五年某地区中所有人口的出生数量。

项目结果如图 2-2 所示，在一张画布中同时显示 5 个折线图。

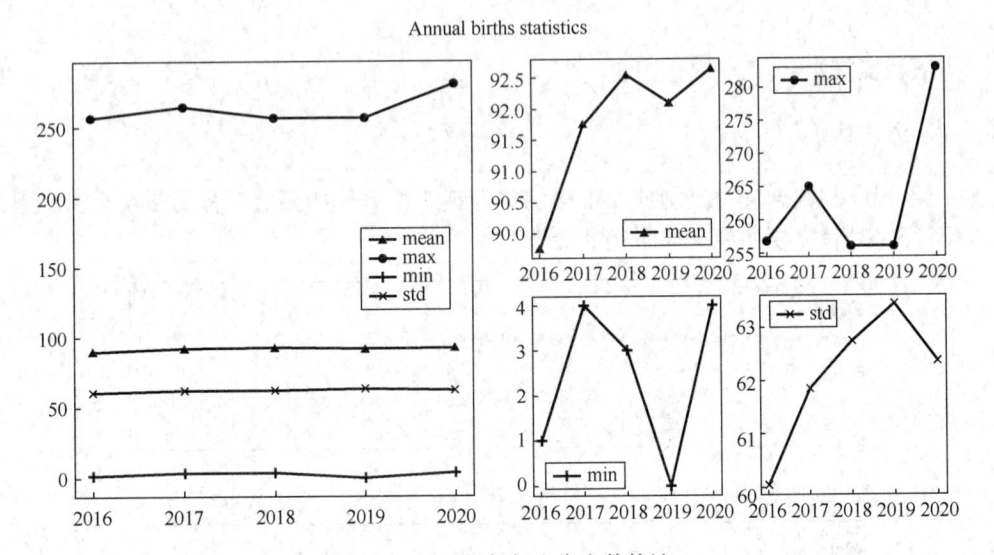

图 2-2　近五年每年出生人数统计

◆▷【项目分析】◁──

本项目通过读取 csv 文件中的数据并简单处理，调用最常用的 matplotlib 数据可视化模块，创建简单数据的可视化图形，使读者掌握开发环境的搭建，了解什么是数据可视化，掌握数据的可视化过程，理解相关模块的功能。

1. 折线图概念

以折线的上升或下降来表示统计数量的增减变化的图，叫作折线图。它使用折线的起伏表示数据的增减变化情况，不仅可以表示数量的多少，而且可以反映数据的增减变化情况。

2. 图形元素分析

由图 2-2 可以看出，折线图包括横坐标、纵坐标以及折线。其中横坐标和纵坐标上都有数字，用来显示坐标刻度；折线是根据相应的（横坐标，纵坐标）数据对形成的。

3. 技术分析

折线图是将坐标点之间用直线连接而成的，因此坐标点的确定至关重要，要先确定横纵坐标值从而确定坐标点。

从数据上看，本项目需要将横纵坐标从数据文件中读取出来，经过统计计算，绘制出折线图。图 2-2 显示的是 2016～2020 年这五年之内，每年某地区人口出生的平均值。因此，项目所需要的数据包括年份 X 和人口出生数量平均值 Y。

◆▶【项目实操】

1. 文件目录

由于程序和数据文件分别放在不同的文件夹中，具体如图 2-3 和图 2-4 所示，因此在编写程序时就需要注意文件路径的设置。

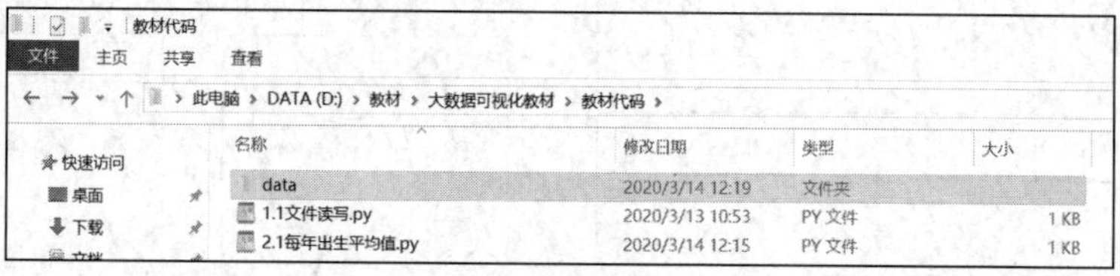

图 2-3　程序目录

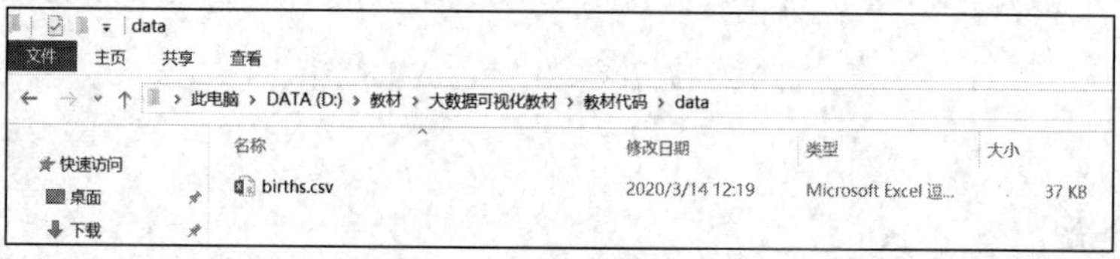

图 2-4　数据文件目录

2. 运行程序

在 IDLE 中选择程序"2.1 每年出生平均值.py"，然后执行 Run->Run Module 命令运行该程序，结果如图 2-1 所示。具体程序如下：

```python
import pandas as pd
import numpy as np
import matplotlib.pyplot as plt

births_data=pd.read_csv("./data/births.csv")# 读取出生数据文件
data_set = births_data.groupby("Year")# 将数据以列名 Year 进行分组
my_list_group_name = []# 用来存储年份
my_list_group_value = []# 用来存储按年份进行分类的数据

for e in data_set:# 将数据分别放入上面两个列表中
    e = list(e)
    my_list_group_name.append(e[0])
    my_list_group_value.append(pd.DataFrame(e[1]))
yti= e[1]['Number'].max()
print(yti)

X=np.arange(0,len(my_list_group_name),1)
Y1=[]
```

```
Y2=[]
Y3=[]
Y4=[]
for e in my_list_group_value:# 对某年的人口数量求平均值
    Y1.append(e.iloc[:,-1].mean())
    Y2.append(e.iloc[:,-1].max())
    Y3.append(e.iloc[:,-1].min())
    Y4.append(e.iloc[:,-1].std())

plt.suptitle('Annual births statistics')# 设置图的标题

plt.subplot(1,2,1)
plt.xticks(np.arange(0,len(my_list_group_name),1),my_list_group_name)
p1,=plt.plot(X,Y1,color="blue",marker='^')
p2,=plt.plot(X,Y2,color='Yellow',marker='o')
p3,=plt.plot(X,Y3,color='red',marker='P')
p4,=plt.plot(X,Y4,color='green',marker='x')
plt.legend(handles=[p1,p2,p3,p4],labels=['mean','max','min','std'],
loc='best')

plt.subplot(2,4,3)
plt.xticks(np.arange(0,len(my_list_group_name),1),my_list_group_name)
p1,=plt.plot(X,Y1,color="blue",marker='^')
plt.legend(handles=[p1],labels=['mean'])

plt.subplot(2,4,4)
plt.xticks(np.arange(0,len(my_list_group_name),1),my_list_group_name)
p2,=plt.plot(X,Y2,color='Yellow',marker='o')
plt.legend(handles=[p2],labels=['max'])

plt.subplot(2,4,7)
plt.xticks(np.arange(0,len(my_list_group_name),1),my_list_group_name)
p3,=plt.plot(X,Y3,color='red',marker='P')
plt.legend(handles=[p3],labels=['min'])

plt.subplot(2,4,8)
plt.xticks(np.arange(0,len(my_list_group_name),1),my_list_group_name)
p4,=plt.plot(X,Y4,color='green',marker='x')
plt.legend(handles=[p4],labels=['std'])

plt.show()
```

◆ **相关知识** ◆

2.1 数据可视化相关概念

数据可视化是指将数据用统计图表的方式呈现，用于表现抽象或复杂的概念、技术和信息。数据可视化起源于 20 世纪 60 年代的计算机图形学，人们使用计算机创建图形图表，可视化提取出来的数据，将数据的各种属性和变量呈现出来。随着计算机硬件的发展，人们创建了更复杂、规模更大的数字模型，发展了数据采集设备和数据保存设备，同时也需要更高级的计算机图形学技术及方法来创建这些规模庞大的数据集。随着数据可视化平台的拓展，应用领域的增加，表现形式的不断变化，以及增加了诸如实时动态效果、用户交互使用等，数据可视化像所有新兴概念一样，边界不断扩大。

饼图、直方图、散点图、柱状图等，是最原始的统计图表，它们是数据可视化的最基础和常见应用。作为一种统计学工具，统计图表用于创建一条快速认识数据集的捷径，并成为一种令人信服的沟通手段，传达存在于数据中的基本信息。所以可以在大量 PPT、报表、方案以及新闻中见到统计图形。

最原始的统计图表只能呈现基本的信息，发现数据之中的结构，可视化定量的数据结果。但在面对复杂或大规模的异型数据集，比如商业分析、财务报表、人口状况分布、媒体效果反馈、用户行为数据等时，数据可视化面临处理的状况会复杂得多，一般包括数据的采集、分析、治理、管理、挖掘在内的一系列复杂数据处理，然后由设计师设计表现形式。

数据可视化的开发和大部分项目开发一样，根据需求、数据维度或属性进行筛选，根据目的和用户群选用适合的表现方式。同一份数据可以可视化成多种看起来截然不同的形式。

有的可视化目标是为了观测和跟踪数据，所以就要强调实时性、变化及运算能力，可能就会生成一份不停变化、可读性强的图表。

有的数据可视化目标是为了分析数据，所以要强调数据的呈现度，可能会生成一份可以检索、交互式的图表。

有的数据可视化目标是为了发现数据之间的潜在关联，可能会生成分布式的多维的图表。

有的数据可视化目标是为了帮助普通用户或商业用户快速理解数据的含义或变化，因此会利用漂亮的颜色、动画创建生动、明了和具有吸引力的图表。

还有的数据可视化是因要用于教育、宣传而被制作成海报、课件，出现在街头、广告、杂志上。这类可视化拥有强大的说服力，使用强烈的对比、置换等手段，可以创造

出极具冲击力、直指人心的图像。在国外，许多媒体会根据新闻主题或数据，雇用设计师来创建可视化图表对新闻主题进行辅助表达。

数据可视化的应用价值极高，其多样性和表现力吸引了许多从业者，而其创作过程中的每一个环节都有强大的专业背景支持。无论是动态还是静态的可视化图形，都为我们搭建了新的桥梁，让我们能洞察世界的究竟，发现形形色色的关系，感受围绕在我们身边的信息变化，还能让我们理解其他形式下不易发掘的事物。

本项目虽然只是一个比较简单的折线图，但是包含的知识点丰富，将采集、分析、治理、管理及挖掘过程都体现了出来，通过绘制该折线图，就能够对可视化有整体上的认知。

2.2 开发环境介绍与安装

项目 1 中已经安装了 Python，而编写数据可视化程序还需要安装相关模块。本书中实现数据可视化的程序设计语言为 Python，本项目需要调用的模块有 matplotlib、numpy 和 pandas。

注意

在主流程序设计语言中，模块（Python）==类库（C++、C#）==包（Java）。

Python 可以调用的模块分为三类：内置模块、自定义模块以及第三方模块。
- 内置模块是 Python 内置的，安装好 Python 后该模块便已具备。
- 自定义模块需要程序员自行开发后调用。
- 第三方模块需要像普通软件一样下载及安装后才能使用。

matplotlib、numpy 以及 pandas 都是第三方模块，因此需要先下载及安装后，才能正常调用。

随着 Python 的不断升级，在 MacOS、Linux 及 Windows 系统中，Python 及其第三方模块的安装方法越来越简单。上述三个模块的下载及安装方式非常相似，下面进行统一介绍。

1. 安装及卸载

一般的软件使用前都要先下载再安装，但是 Python 的模块不同，在网络顺畅的情况下直接在命令行执行 pip install 命令，便会自动下载并安装。无论是 MacOS、Linux 还是 Windows 系统，安装命令只有一个，具体如下：

```
pip install matplotlib/numpy/pandas # pip install + 模块名
```

例如在 Windows 系统中，安装 matplotlib 模块的命令如图 2-5 所示。

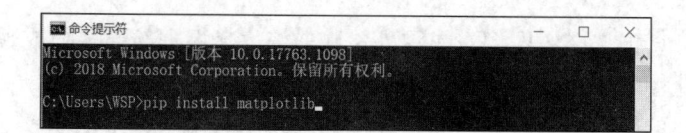

图 2-5　Windows 系统中的模块安装命令

当然，相应的卸载命令也很简单，只需要在命令行执行 pip uninstall 命令即可，如图 2-6 所示。

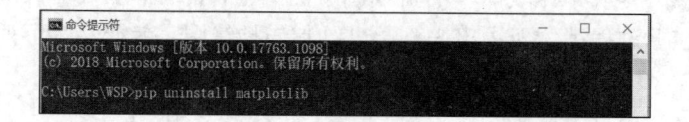

图 2-6　Windows 系统中的模块卸载命令

2.　下载

与上述情况不同，当网络不是太理想甚至不可用时，可以先将要安装的模块下载下来，然后再进行安装。当然，安装命令与上面完全相同，即 pip install+模块名。

三个模块的下载地址如下：

- matplotlib：https://pypi.org/project/matplotlib/。
- numpy：https://pypi.org/project/numpy/。
- pandas：https://pypi.org/project/pandas/。

下面以 matplotlib 模块的下载为例进行介绍，其他模块的操作类似。在浏览器中访问 matplotlib 的下载地址，在打开的页面上单击如图 2-7 中所示的 Download files 按钮，显示出该图中右侧所示的所有可供下载的 matplotlib 模块；②、③、④分别表示该软件运行对应的操作系统；其中④还同时表示该软件需要在 Win32 平台上运行，而⑤则表示该软件需要运行在 Win64 平台上；⑥和⑦表示该软件对应的 Python 版本号分别是 Python 3.6 及 3.7。用户只需要根据自己的操作系统下载相应的模块进行安装。

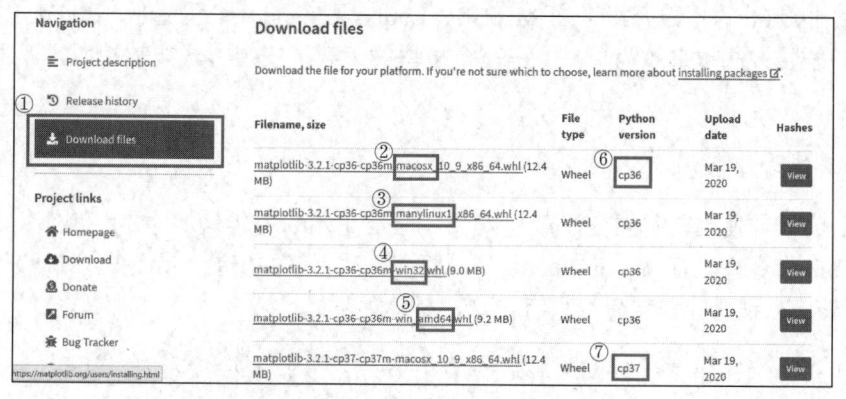

图 2-7　matplotlib 模块的下载页面

下载相应的 matplotlib 模块后，再使用 pip install 命令在命令行中安装该模块即可。在 Win64 系统中，安装方法如图 2-8 所示。

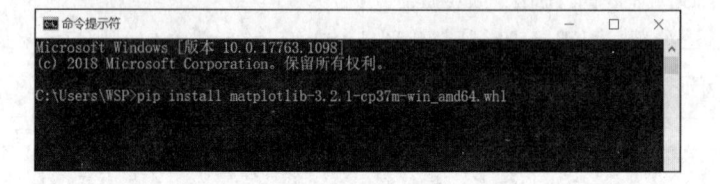

图 2-8　安装 matplotlib 模块

注意

图 2-8 中 pip install 后的模块名，必须严格按照原文件名书写，否则便会安装失败。

2.3　使用 matplotlib 模块绘制线形图

matplotlib 是 Python 的一个 2D 绘图库，它以各种硬拷贝格式和跨平台的交互式环境生成出版质量级别的图形，并且其官方文档有非常完备的图及源程序。通过 matplotlib，开发者可以仅用几行代码，便生成直方图、功率谱图、条形图、错误图或散点图等。

由于 Python 是面向对象语言，因此 matplotlib 图表中的各个元素都是对象，在编写复杂程序时利用面向对象的方式使用 matplotlib 会更有效，当然调用方式也比较复杂。对于基本图形来说，matplotlib 所提供的 pyplot 模块更为方便实用，本书主要是基于此模块实现绘图的，调用 pyplot 模块的方法为 matplotlib.pyplot。

2.3.1　常用函数

利用 matplotlib.pyplot 模块绘制图形的原理很简单，掌握大部分函数的使用方法就可以绘制一般的图形。该模块下一共包含 160 多个不同的方法，这些方法涉及图像绘制的方方面面。最常用的函数及其说明如表 2-1 所示。

表 2-1　matplotlib.pyplot 模块中的常用函数

函数	原型	说明
figure()	figure(num,figsize,dpi,facecolor,edgecolor, frameon, FigureClass, clear, **kwargs)	用于生成画布，9 个参数均是可选参数。参数含义分别为画布数量、尺寸、像素点数、背景色、边界色、禁止图框、自定义实例和清理改图
title()	title(value,fontsize,fontweight,fontstyle, verticalalignment,horizontalalignment, rotation, alpha,backgroundcolor,bbox)	用于设置图题，10 个参数均是可选参数。参数含义分别为标题、字体大小、粗细、类型、水平对齐方式、垂直对齐方式、旋转角度、透明度、背景色和标题外框

续表

函数	原型	说明
xlabel()/ylabel()	xlabel/ylabel(value,fontsize,fontweight, fontstyle, verticalalignment,horizontalalignment)	分别用于设置 x/y 轴的名称、字体大小、粗细、类型和位置
xlim()/ylim()	xlim/ylim(xmin,xmax)	分别用于指定 x/y 轴刻度的显示范围,参数含义分别为最小值、最大值
xticks()/yticks()	xticks/yticks(ticks,labels)	分别用于设置 x/y 轴刻度及标签,参数含义分别为刻度间隔、间隔的显示标签
legend()	legend(handles,labels,loc)	用于设置图例,参数含义分别为图例句柄、名称和位置
show()	show()	用于在本机显示图形,无参数

其中,figure()和 title()函数的参数非常多,但是常用的不多。xlabel()/ylabel()以及 xlim()/ylim()的参数在官方文档中介绍得并不详细,读者在掌握其基本功能后,只需要在使用更多参数时搜索例子程序即可。

2.3.2 绘图要素

绘制初级图形只需要掌握最基本的要素,如图 2-9 所示。

- 画布 figure,画纸 subplot,可多图绘画。
- 画纸上最上方是标题 title,用来给图形命名。
- 坐标轴 axis,横轴称为 x 坐标轴,纵轴称为 y 坐标轴。
- 图例 legend 代表图形里的内容。
- 标记 markers 表示点的形状。

这些要素只要在程序中按顺序列出即可生成图。

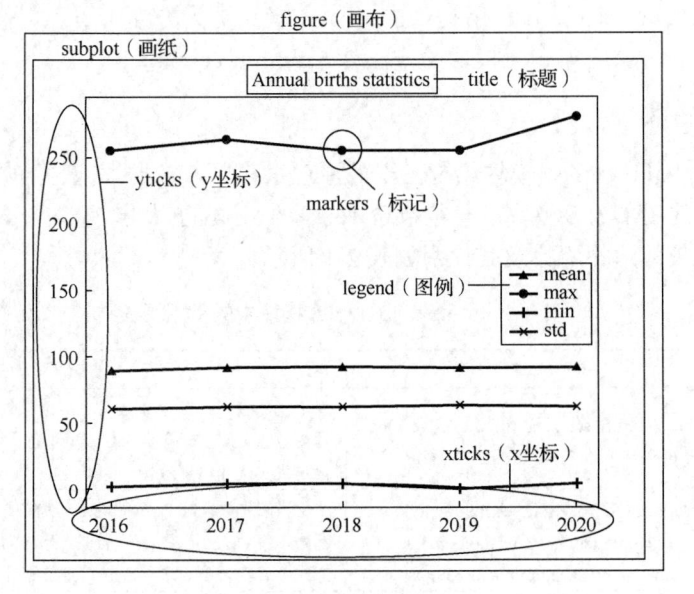

图 2-9　绘图要素

2.3.3　基本语法

下面就来学习绘制常见图形的基本语法。matplotlib 是一个非常简单而又完善的开源绘图库，那么它到底有多简单呢？下面用三行代码绘制一幅简单的折线图。

```
import matplotlib.pyplot as plt # 导入模块

plt.plot([1,5,3,2,6,2])
plt.show()
```

在 Python 3.8.5 的 IDLE 中执行这三行代码，便得到如图 2-10 所示的折线图。

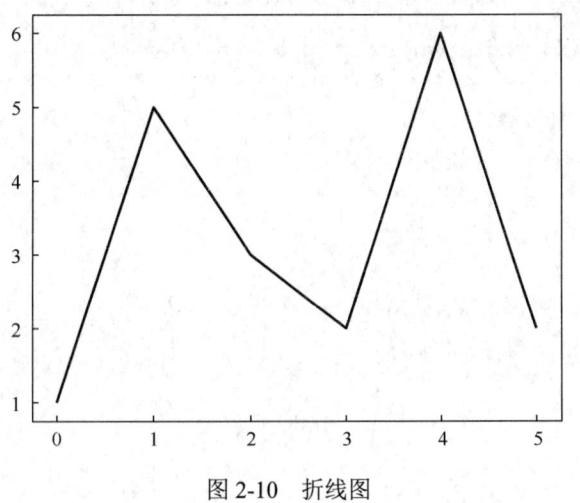

图 2-10　折线图

我们可以看到，一幅和山峰相似的折线图就绘制出来了，接下来解析一下这三行代码的含义。

```
import matplotlib.pyplot as plt # 导入模块
```

注意

该行代码也可以写作 from matplotlib import pyplot as plt。

这行代码是从 matplotlib 中导入了 pyplot 绘图模块，并将其简称为 plt。pyplot 模块是 matplotlib 最核心的模块，几乎所有样式的 2D 图形都是使用该模块绘制出来的。这里简称其为 plt 是约定俗成的，希望读者也这样书写代码，以便拥有更好的可读性。

接下来解析第二行代码：

```
plt.plot([1,5,3,2,6,2])
```

plt.plot()函数是 pyplot 模块下面的直线绘制（折线图）方法类。示例中包含了一个 [1,5,3,2,6,2]列表，这里默认将该列表作为 y 值，而 x 值会从 0 到 n-1。

最后一行代码表示将图显示出来：

```
plt.show()
```

除了折线图，我们平常还要绘制柱状图、散点图、饼状图等。上文中，我们提到了 pyplot 模块，其中 pyplot.plot()方法是用来绘制折线图的。读者应该会很容易联想到，更改后面的方法类名，便可以更改图形的样式。的确，在 matplotlib 中，大部分图形样式的绘制方法都存在于 pyplot 模块中，这也将在以后的章节中逐一介绍。

但是一般情况下都不会只绘制图 2-10 所示的极简图形，都会稍有一些装饰或说明性的元素。以下便是一段具备一般图形基本元素的代码：

```
import matplotlib.pyplot as plt  # 导入模块

data=[]  # 数据值
plt.figure()  # 生成画布
plt.title()  # 添加标题
plt.xlabel()  # 添加 x 轴名称
plt.ylabel()  # 添加 y 轴名称
plt.xlim()  # 确定 x 轴范围
plt.xlim()  # 确定 y 轴范围

p1=plt.plot()  # 添加折线点，并返回句柄
plt.legend()
plt.show()  # 在本机显示图形
```

将上面的代码写入具体的数值和参数后，就能绘制一幅较为全面的图形，下面将举例进行说明。

【例 2-1】绘制一条折线，其中横纵坐标数值范围均为(0,10)，折线点数值为 5、1、4、3、4、1、5、8、9、10、6。

具体程序如下：

```
import matplotlib.pyplot as plt  # 导入模块

data=[5,1,4,3,4,1,5,8,9,10,6]  # 数据值
plt.figure()  # 生成画布
plt.title('line')  # 添加标题
plt.xlabel('x')  # 添加 x 轴名称
plt.ylabel('y')  # 添加 y 轴名称
plt.xlim((0,10))  # 确定 x 轴范围
plt.xlim((0,10))  # 确定 y 轴范围

p1=plt.plot(data,color='red')  # 绘制折线
```

例 2-1 实操

```
plt.legend(handles=p1,labels=['RedLine'],loc='best')

plt.show()  # 在本机显示图形
```

将上述程序在 Python 3.8.5 IDLE 中运行后，所绘制的图形如图 2-11 所示。

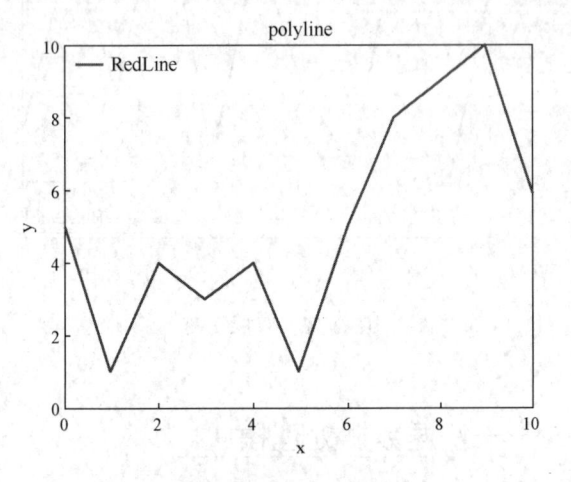

图 2-11　简单折线图

【例 2-2】在例 2-1 的基础上添加一条折线，折线点数据为 7、1、9、2、4、8、2、10、4、8、3，并使两条折线在同一画布中显示出来。

具体程序如下：

```
import matplotlib.pyplot as plt

data=[5,1,4,3,4,1,5,8,9,10,6]
data1=[7,1,9,2,4,8,2,10,4,8,3]
plt.figure()
plt.title('polyline')  # 添加标题
plt.xlabel('x')  # 添加 x 轴名称
plt.ylabel('y')  # 添加 y 轴名称
plt.xlim((0,10))  # 确定 x 轴范围
plt.ylim((0,10))  # 确定 y 轴范围

p1=plt.plot(data,color='red',linestyle='dashed')  # 添加 y=x^2 曲线
# color 也可写为颜色缩写值，'b'、'g'、'r'、'c'分别代表蓝、绿、红、青
# 'm'、'y'、'k'、'w'分别代表品红、黄、黑、白
p2=plt.plot(data1,color='blue')
plt.legend([p1,p2],labels=['RedLine','BlueLine'],loc='best')

plt.show()  # 在本机显示图形
```

例 2-2 实操

将上述程序在 Python 3.8.5 IDLE 中运行后，所绘制的图形如图 2-12 所示。

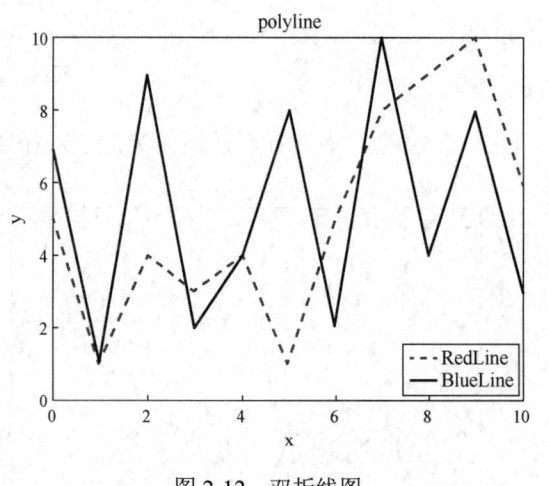

图 2-12　双折线图

2.4　numpy——快速数据处理模块

在标准 Python 中保存一组值时使用的数据类型是列表 list，列表的每个元素值都有对应的索引，所以为了保存一个简单的列表如[1,2,3]，就需要三个整数和三个指针，当数据量大的时候，非常浪费内存和 CPU 计算时间。但是 numpy 模块弥补了其不足。

numpy 是 Python 的一种开源的数值计算扩展。这种工具可用来存储和处理大型矩阵，比 Python 自身的列表结构要高效得多。numpy 模块中发明了一种新的数据类型 ndarray，几乎 numpy 模块中的所有函数都是围绕处理这种类型的数据来进行的。虽然 ndarray 结构简单，但功能非常强大，可以高效计算大量数据，例如大型矩阵的各种运算。

numpy 是一个用 Python 实现的科学计算，包括：

- 一个强大的 N 维数组对象 Array。
- 比较成熟的函数库。
- 用于整合 C/C++和 Fortran 代码的工具包。
- 实用的线性代数、傅里叶变换和随机数生成函数。numpy 和稀疏矩阵运算包 scipy 配合使用更加方便。

numpy 中的 N 维数组类型 ndarray，描述了相同类型元素的集合。ndarray 跟原生 Python 列表的区别是，ndarray 在存储数据的时候，数据与数据的地址都是连续的，这样就使得批量操作数组元素时速度更快。

这是因为 ndarray 中所有元素的类型都是相同的，而 Python 列表中的元素类型是任意的，所以 ndarray 在存储元素时内存可以连续，而 Python 原生 list 就只能通过寻址方式找到下一个元素，这虽然也导致了在通用性方面 numpy 的 ndarray 不及 Python 原生 list，但在科学计算方面，numpy 的 ndarray 就可以省掉很多循环语句，代码使用方面比 Python 原生 list 简单得多。

2.4.1　常用函数

numpy 内置了并行运算功能，当系统有多个核心时，做某种计算时，numpy 会自动做并行计算。numpy 的底层使用 C 语言编写，数组中直接存储对象，而不是存储对象指针，所以其运算效率远高于纯 Python 代码。

numpy 模块中的常用属性和函数如表 2-2 所示。

表 2-2　numpy 模块中的常用属性和函数

numpy		名称	说明	例子
属性		ndim	维度	import numpy as np n=np.random.randint(5,10,size=(3,2,5)) print(n.ndim, n.shape,n.size) print(n.dtype,n.itemsize,n.nbytes) 输出结果：3 (3, 2, 5) 30 　　　　　int32 4 120
		shape	每个维度的大小	
		size	数组的总元素个数	
		dtype	数据类型	
		itemsize	每个元素的大小	
		nbytes	数组总字节大小	
函数	数组拼接	array()	生成数组	x=np.array([1,3,2]) grid = np.array([[1,4,7], [2,5,8]]) print(np.vstack([x,grid])) 输出结果：[[1 3 2] 　　　　　[1 4 7] 　　　　　[2 5 8]]
		concatename()	固定维度数组拼接	
		hstack()	水平拼接	
		vstack()	垂直拼接	
		dstack()	第三维度拼接	
	数组拆分	split()	拆分	x=list(range(1,20,2)) x1,x2,x3,x4 = np.split(x,[3,5,7]) print(x1,x2,x3,x4) 输出结果：[1 3 5] [7 9] [11 13] [15 17 19]
		hsplit()	水平拆分	
		vsplit()	垂直拆分	
		dsplit()	第三维度拆分	
	数学函数	abs()	绝对值函数	
		sin/cos/tan()	三角函数	
		exp/exp2()	以 e/2 为底的指数函数	
		log/log2/log10()	以 e/2/10 为底的对数函数	
	随机函数	random.seed()	设置种子	
		random.shuffle()	打乱数组	
		random.randint()	生成随机数	
		random.normal()	正则分布随机数	
	其他函数	sum/prod/mean()	计算元素的和、积、平均值	
		std/var/max/min()	计算元素的标准差、方差，找出最大值、最小值	
		argmax/argmin()	找出最大值、最小值的索引	
		median/percentile()	计算元素的中位数、基于元素排序的统计值	
		any/all()	验证任何、所有元素是否为真	

2.4.2 创建数组

利用 numpy 可以很容易生成和操作低维到高维数组,例如下面的程序可以生成一维数组[1,2,3],结果如图 2-13 所示。

```
data=np.array([1,2,3])
```

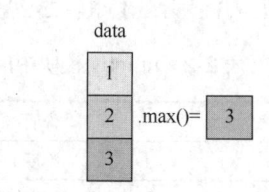

图 2-13　生成二维数组

下面举例说明 numpy 创建数组的过程。

【例 2-3】用 numpy 创建一维数组、二维数组,并查看数组的常用属性。

1)创建一维数组,代码如下:

```python
import numpy as np
data = np.array([1,3,4,8])
print(data)
print(data.shape)
print(type(data))
print(data[1])   # 获取元素
data[1] = 'a'   # 修改元素
print(data[1])
```

例 2-3 实操

输出结果如下:

```
[1 3 4 8]
(4,)
<class 'numpy.ndarray'>
3
Traceback (most recent call last):
  File "D:/教材代码/2-3.py", line 7, in <module>
    data[1] = 'a'   # 修改元素
ValueError: invalid literal for int() with base 10: 'a'
```

上述代码在修改元素这一行产生了错误,这是因为 ndarray 中的所有元素的类型都是相同的,在这里强行将元素修改为字符串类型,于是就发生了程序错误。

2)创建二维数组,代码如下:

```python
import numpy as np
```

```
data = np.array([[1,2,3],[4,5,6]])   # 两个元素均为列表
print(data)
print(type(data))
data = np.arange(10)  # 与 Python 的 range 一样, range 返回列表, arange 返
回 array 类型的一个数组
print(data)
print(type(data))
# 返回一个 2*5 的数组, 它不是复制数组而是引用, 只是返回数组的不同视图, data 改变
时 data2 也会改变
data2 = data.reshape(2,5)
print(data2)
print(type(data2))
print(data2.shape)
```

输出结果如下:

```
[[1 2 3]
 [4 5 6]]
<class 'numpy.ndarray'>
[0 1 2 3 4 5 6 7 8 9]
<class 'numpy.ndarray'>
[[0 1 2 3 4]
 [5 6 7 8 9]]
<class 'numpy.ndarray'>
(2,5)
```

2.4.3 数组操作

在 numpy 中, 数组与矩阵的含义是等同的, 因此有时候也将数组写作矩阵。numpy
不仅可以生成 N 维数组, 还可以轻松生成全 1、全 0 及任何范围内的随机数组, 并对它
们进行计算, 如图 2-14 所示。

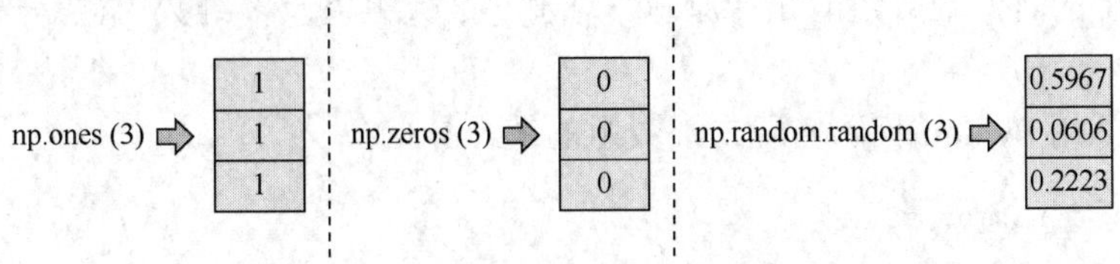

图 2-14 生成随机数组

【例 2-4】用 Python 代码创建特殊数组, 并查看数组的值。

只需要简单的代码就可以创建全 0、全 1 等特殊数组, 具体代码如下:

```
data3 = np.zeros((2,2))   # 创建 2*2 全为 0 的二维数组
```

```
data4 = np.ones((2,3,3,))   # 创建全为1的三维数组
data5 = np.eye(4)    # 创建4*4的对角数组，对角元素为1，其他都为0
print(data3)
print(data4)
print(data5)
```

输出结果如下：

```
[[0. 0.]
 [0. 0.]]
[[[1. 1. 1.]
  [1. 1. 1.]
  [1. 1. 1.]]
 [[1. 1. 1.]
  [1. 1. 1.]
  [1. 1. 1.]]]
[[1. 0. 0. 0.]
 [0. 1. 0. 0.]
 [0. 0. 1. 0.]
 [0. 0. 0. 1.]]
```

2.4.4 统计分析

numpy 还可以轻松实现聚合功能，如图 2-15 所示。

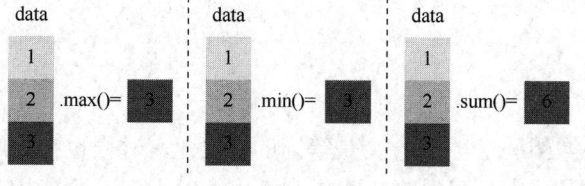

图 2-15　聚合功能

上面显示的是一维数组的统计原理，对于二维数组以及多维数组也是一样的，下面举例说明。

【例 2-5】用 Python 代码实现二维数组的统计分析。

```
import numpy as np
n = np.array( [ [5, 10, 15],
          [20, 25, 30],
          [35, 40, 45] ] )
print(n.min())  # 5
print(n.max())  # 5
print(n.mean())  # 25.0
```

```
print(n.sum())  # 225
# 指定所操作的维度，axis=0 按列，axis=1 按行
print(n.sum(axis=0))  # [60 75 90]
print(n.sum(axis=1))  # [ 30  75 120]
print('-' * 20)
n1 = np.arange(3)
print(n1)
print(np.exp(n1))
print(np.sqrt(n1))
```

输出结果如下：

```
5
45
25.0
225
[60 75 90]
[ 30  75 120]
--------------------
[0 1 2]
[1.         2.71828183 7.3890561 ]
[0.         1.         1.41421356]
```

表格之类的数据即二维矩阵也可以读取并进行统计等处理，如图 2-16 所示。这一内容在项目 1 中已经讲解过，在此不再赘述。

births.csv

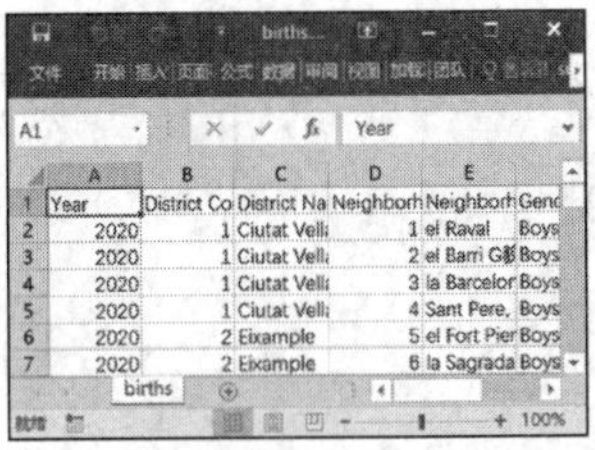

numpy.read_csv('births.csv')

	Year	Dictrict code	Gender	Number
0	2020	2	Boys	283
1	2019	1	Girls	179
2	2017	5	Boys	85
3	2020	3	Boys	104

图 2-16　二维矩阵的处理

当然，本书的目的是将 numpy 工具与 matplotlib 结合在一起使用，使 matplotlib 绘图功能更加强大，这样不仅可以绘制简单数据，更可以通过 numpy 对复杂的多维数组进行绘制。下面举两个二者结合在一起绘制曲线图的简单例子，使读者进一步体验绘图的乐趣，对二者是如何结合的有所认知。

【例 2-6】绘制两条曲线图，分别为两条抛物线，其相应的函数为 $y=x^2$ 和 $y=x^4$。

具体程序如下：

```
import numpy as np
```

```
import matplotlib.pyplot as plt

data = np.arange(0,1,0.01)  # 生成[0,1]范围内步长为0.01的浮点数

plt.title('lines')
plt.xlabel('x')
plt.ylabel('y')
plt.xlim((0,1))
plt.ylim((0,1))
plt.xticks([0,0.2,0.4,0.6,0.8,1])
plt.yticks([0,0.2,0.4,0.6,0.8,1])

plt.plot(data,data**2,linestyle='dashed')
plt.plot(data,data**4)
plt.legend(['y=x^2','y=x^4'])

plt.show()
```

程序运行结果如图 2-17 所示。

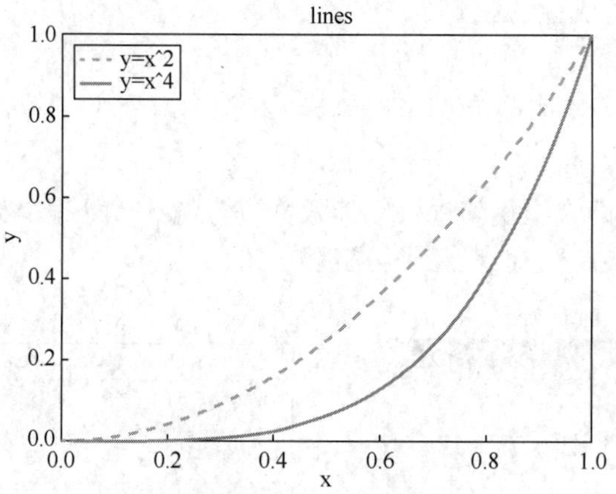

图 2-17　抛物线

【例 2-7】将数组中的空值替换为当前列的平均值。
具体程序如下：

```
import numpy as np

def file_ndarray(t):
    for i in range(t.shape[1]):  # 遍历每一列
        temp_col=t[:,i]    # 当前的一列
        nan_num=np.count_nonzero(temp_col!=temp_col) # 每一列 nand 的个数
        if nan_num != 0:  # 不为 0 说明当前这一列有 nan
            temp_not_nan_col=temp_col[temp_col==temp_col] # 当前一列不
```

为 nan 的数

```
            temp_col[np.isnan(temp_col)]=temp_not_nan_col.mean()
    return t
        # 选中当前 nan 的位置，把值赋值为不为 nan 的这一列的均值


if __name__=="__main__":
    t=np.arange(12).reshape((3,4)).astype("float")
    t[1,2:]=np.nan
    print(t)
    t=file_ndarray(t)
print(t)
```

程序运行结果如下：

```
[[ 0.  1.  2.  3.]
 [ 4.  5. nan nan]
 [ 8.  9. 10. 11.]]
[[ 0.  1.  2.  3.]
 [ 4.  5.  6.  7.]
 [ 8.  9. 10. 11.]]
```

⚠️ 2.5　pandas——方便的数据分析模块

numpy 虽然提供了方便的数组处理功能，但是它缺少数据处理、分析所需的许多快速工具。Python 是开源的，因此它有很多功能较为类似的模块，并且众多处理数据的模块中有一个很出色，它就是 pandas。pandas 是为了解决数据分析而基于 numpy 开发的工具包，提供了众多更高级的数据处理功能，简单、直观、易用、快捷。

pandas 最初由美国 AQR 资本管理公司于 2008 年 4 月开发，并于 2009 年底开源出来，目前由专注于 Python 数据包开发的 PyData 开发团队继续开发和维护，属于 PyData 项目的一部分。pandas 最初是被作为金融数据分析工具开发出来的，因此 pandas 为时间序列分析提供了很好的支持。pandas 的名称来自面板数据（panel data）和 Python 数据分析（data analysis）。panel data 是经济学中关于多维数据集的一个术语，在 pandas 中也提供了 panel 的数据类型。

pandas 相当于 Python 中的 Excel，它使用表（也就是 dataframe)，能在数据上做各种变换，但还有很多其他功能如 read_csv、read_excel、read_clipboard、read_sql 等。

pandas 有最常用的两个对象：Series 和 DataFrame，也可认为是 pandas 中的两种数据类型。

- Series：一维数组，与 numpy 中的一维 array 类似。二者与 Python 基本的数据结构 list 也很相近，其区别是 list 中的元素可以是不同的数据类型，而 array 和 series 中则只允许存储相同的数据类型，这样可以更有效地使用内存，提高运算效率。

- DataFrame：二维的表格型数据结构，其很多功能与 R 语言中的 data.frame 类似。可以将 DataFrame 理解为 Series 的容器。

注意

Series 是(key,value)结构，而 DataFrame 中是关系表结构。

另外还有一个数据类型 Panel，它是三维的数组，可以理解为 DataFrame 的容器。另外还有 Index 对象和 MultiIndex 对象等。本书主要讲解 Series 和 DataFrame 两种对象的使用，其他对象不做过多讲解。

需要注意的是，pandas 虽然有自己独有的基本数据结构，因为它依然是 Python 的一个库，所以 Python 中所有的数据类型在这里依然适用，也同样可以使用类自己定义数据类型。只是 pandas 里面又定义了两种数据类型 Series 和 DataFrame，它们让数据操作更简单了。

2.5.1 读写数据

在学习数据分析的过程中，一般流程是将存储的数据文件通过 pandas 工具包写入成 DataFrame 后再进行一系列处理，因此数据读写是进行数据预处理、建模及分析的前提，但无论是这几项中的哪一项，都必须以数据作为基础。数据通常都存储在外部文件中，如 txt、csv、Excel、数据库，而不同数据源需要使用不同的函数进行读写。

pandas 中内置了 10 多种数据源读取函数和对应的写入函数。表 2-3 是 pandas 官方手册上给出的一张表格，描述的是 pandas 中对各种数据文件类型的读、写函数。

表 2-3 pandas 读写各类文件的函数

Format Type	Data Description	Reader	Writer
text	CSV	read_csv	to_csv
text	JSON	read_json	to_json
text	HTML	read_html	to_html
text	Local clipboard	read_clipboard	to_clipboard
binary	MS Excel	read_excel	to_excel
binary	OpenDocument	read_excel	
binary	HDF5 Format	read_hdf	to_excelhdf
binary	Feather Format	read_feather	to_feather
binary	Parquet Format	read_parquet	to_parquet
binary	Msgpack	read_msgpack	to_msgpack
binary	Stata	read_stata	to_stata
binary	SAS	read_sas	
binary	Python Pickle Format	read_pickle	to_pickle
SQL	SQL	read_sql	to_sql
SQL	Google Big Query	read_gbq	to_gbq

通过阅读表格可以发现，pandas 中提供了非常丰富的数据读写方法。不过本书只讲述文本文件（txt、csv）、Excel 文件、关系型数据库（MySQL）的读写方式，其他类型文件的读写大同小异。

1. 文本文件（txt、csv）

无论是 txt 文件还是 csv 文件，在 pandas 中都使用 read_csv()方法读取，当然也使用同一个方法写入到文件，那就是 to_csv()方法。

下面先来讲解怎么读取数据。所要读取的文件名为“student.csv”，文件内容用记事本打开后如图 2-18 所示。

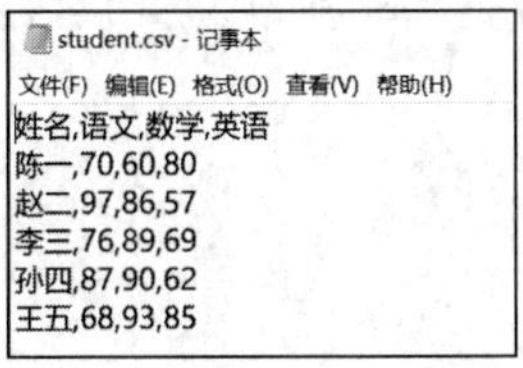
student.csv - 记事本
文件(F) 编辑(E) 格式(O) 查看(V) 帮助(H)
姓名,语文,数学,英语
陈一,70,60,80
赵二,97,86,57
李三,76,89,69
孙四,87,90,62
王五,68,93,85

图 2-18　student.csv 文件内容

为了提供更加多样化、可定制的功能，read_csv()方法定义了数十个参数，其中大部分参数并不常用，而且绝大多数情况使用默认值即可，所以只需要记住以下几个比较常用的参数就可以了。

1）filepath_or_buffer：文件所在路径。可以是一个描述路径的字符串、pathlib.Path 对象、http 或 ftp 的连接，也可以是任何可调用 read()方法的对象。这个参数是唯一一个必须传值的参数，其他参数都是有默认值的。

2）encoding：编码。字符型通常为 utf-8，如果中文读取不正常，可以将 encoding 设置为 gbk。例如，打开 data.csv 文件的代码如下：

```
import pandas as pd
df=pd.read_csv(' ./data/student.csv', encoding='gbk')
print(df)
```

程序执行结果如下：

```
   姓名  语文  数学  英语
0  陈一  70  60  80
1  赵二  97  86  57
2  李三  76  89  69
3  孙四  87  90  62
4  王五  68  93  85
```

如果不指定 encoding='gbk'则会出现下面的异常：

```
UnicodeDecodeError: 'utf-8' codec can't decode byte 0xd0 in position
0: invalid continuation byte
```

当然，也可以在"记事本"程序中通过另存为的方式将编码修改为 utf-8，这样就可以使用默认的 utf-8 编码。

3）sep：分隔符，默认为一个英文逗号，即","。

4）delimiter：备选分隔符。如果指定了 delimiter，则 sep 失效。

5）header：整数或者由整数组成的列表，以用来指定由哪一行或者哪几行作为列名，默认为 header=0，表示第一行作为行名。例如以下代码：

```
import pandas as pd
df=pd.read_csv(' ./data/student.csv', encoding='gbk' ,header=1)
print(df)
```

程序执行结果如下：

```
   陈一  70  60  80
0  赵二  97  86  57
1  李三  76  89  69
2  孙四  87  90  62
3  王五  68  93  85
```

可以看到，当指定第一行之后的数据作为列名时，前面的所有行都会被略过。

也可以传递一个包含多个整数的列表给 header，这样每一列就会有多个列名。如果中间某一行没有指定，那么该行会被略过，例如以下代码：

```
import pandas as pd
df=pd.read_csv('./data/student.csv', encoding='gbk',header=[0,1,3])
print(df)
```

程序执行结果如下：

```
   姓名  语文  数学  英语
   陈一  70  60  80
   李三  76  89  69
0  孙四  87  90  62
1  王五  68  93  85
```

当文件中没有列名一行数据时，可以传递 header=None，表示不从文件数据中指定行作为列名，这时 pandas 会自动生成从 0 开始的序列作为列名。例如以下代码：

```
import pandas as pd
df=pd.read_csv('./data/student.csv', encoding='gbk',header=None)
print(df)
```

程序执行结果如下：

```
        0    1     2     3
0   姓名  语文   数学   英语
1   陈一   70    60    80
2   赵二   97    86    57
3   李三   76    89    69
4   孙四   87    90    62
5   王五   68    93    85
```

6）names：一个列表，为数据额外指定列名。例如以下代码：

```
import pandas as pd
df=pd.read_csv(' ./data/student.csv', encoding='gbk', names=['第一列
','第二列','第三列','第四列'])
print(df)
```

程序执行结果如下：

```
   第一列 第二列 第三列 第四列
0   姓名   语文    数学    英语
1   陈一   70     60     80
2   赵二   97     86     57
3   李三   76     89     69
4   孙四   87     90     62
5   王五   68     93     85
```

写入数据的时候 to_csv()方法可以将 pandas 数据写入到文本文件中，常用的参数如下：

1）path_or_buf：表示路径的字符串或者文件句柄。例如，将上面读取出来的数据写入到名为 data1.txt 的文件中，代码如下：

```
import pandas as pd
df=pd.read_csv(' ./data/student.csv', encoding='gbk', names=['第一列
','第二列','第三列','第四列'])
print(df)
df.to_csv('data1.txt')
```

如果 data1.txt 文件不存在，则会新建 data1.txt 文件后再写入；如果本来已存在该文件，则会清空后再写入。无论是行索引、列名还是真实数据，都会写入到文件中。

2）sep：分隔符，默认为英文逗号","。例如指定分隔符为"*"将之前读取的数据写入文件中。

3）header：元素为字符串的列表，或布尔型数据。当为列表时表示重新指定列名，

当为布尔型时表示是否写入列名。

4）columns：一个列表，重新指定写入文件中时列的顺序。

5）index_label：字符串或布尔型变量，用于设置索引列列名。

2. Excel 文件

在使用 pandas 读取 Excel 文件之前，需要先安装 Python 读取 Excel 文件的依赖包 xlrd，可以在系统的命令行中执行 pip 命令，则自动从网络上下载，具体命令如下：

```
pip install xlrd
```

当然，也可以手动下载或指定下载网址。

数据文件为 studentExcel.xlsx，该文件中有两个表格 Sheet1 和 Sheet2，内容分别如图 2-19 所示。

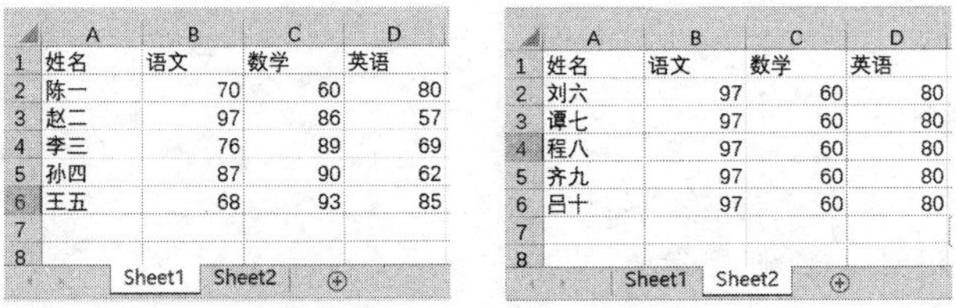

	A	B	C	D
1	姓名	语文	数学	英语
2	陈一	70	60	80
3	赵二	97	86	57
4	李三	76	89	69
5	孙四	87	90	62
6	王五	68	93	85
7				
8				

	A	B	C	D
1	姓名	语文	数学	英语
2	刘六	97	60	80
3	谭七	97	60	80
4	程八	97	60	80
5	齐九	97	60	80
6	吕十	97	60	80
7				
8				

图 2-19　数据文件 studentExcel.xlsx

读取数据内容时，pandas 使用 read_excel()方法，下面解释该方法的几个常用参数。

1）io：需要读取的文件，可以是文件路径、文件网址、file-like 对象、xlrd workbook 对象。这是唯一一个必须传递值的参数。例如下面的代码：

```
df_excel=pd.read_excel('./data/studentExcel.xlsx')
print(df_excel)
```

程序执行结果如下：

```
   第一列 第二列 第三列 第四列
0  姓名  语文  数学  英语
1  陈一  70    60    80
2  赵二  97    86    57
3  李三  76    89    69
4  孙四  87    90    62
5  王五  68    93    85
   姓名  语文  数学  英语
0  陈一  70    60    80
1  赵二  97    86    57
2  李三  76    89    69
3  孙四  87    90    62
```

```
        4  王五   68   93   85
```

2）sheet_name：指定需要读取的 Sheet。有以下几种情况：

- 整型：通过数字索引读取 Sheet，索引从 0 开始，sheet_name 默认参数就是 0，表示读取第一张 Sheet。
- 字符型：通过名称来读取 Sheet。
- 列表：指定多个需要读取的 Sheet，列表的元素可以是索引，也可以是字符串，如[0,1,'Sheet3']表示读取第一张、第二张和名为 Sheet3 的 3 张 Sheet，返回的数据是以列表元素为键、包含数据的 DataFrame 对象为值的字典。
- None：表示读取所有 Sheet，返回的是以 Sheet 名为键、包含数据的 DataFrame 对象为值的字典。

每种参数设置的具体代码如下：

```
df_excel=pd.read_excel('./data/studentExcel.xlsx', sheet_name=1)
df_excel=pd.read_excel('./data/studentExcel.xlsx',
sheet_name='Sheet1')
df_excel=pd.read_excel('./data/studentExcel.xlsx', sheet_name=[0,
'Sheet2'])
df_excel=pd.read_excel('./data/studentExcel.xlsx', sheet_name=None)
```

3）header：指定 Sheet 的表头，参数可以表示行索引，为整型数据，表示指定行作为表头，默认值是 0，表示以第一行作为表头；也可以是元素为整型的列表，表示选用多行作为表头。

4）index_col：指定行标签（也称为行名）。当是一个整数时，表示指定某一行作为行标签，当是一个列表（元素都为整型）时，表示指定多列作为行标签。默认值为 None，表示自动生成以 0 开始的整数作为行标签。

5）usecols：指定需要加载的列。参数有以下几种情况：

- 默认值 None：表示加载所有列。
- 单个整数：加载指定的列，但这种方式未来会被取消，加载单行也最好放在列表里。
- 元素为整数的列表：加载指定的多列。

将数据写入 Excel 需要通过 DataFrame 对象内定义的 to_excel()方法。在使用 to_excel()方法前，也有一个第三方库需要安装，那就是 openpyxl。安装命令：

```
pip install openpyxl
```

to_excel()方法常用的参数如下。

1）excel_writer：必传参数，指定需要写入的 Excel 文件，可以是表示路径的字符串或者 ExcelWriter 类对象。

2）sheet_name：指定需要将数据写入到哪一张工作表，默认值是 Sheet1。

3）float_format：指定浮点型数据的格式，如当指定 float_format="%%.2f"时，0.1234 将会转换为 0.12。

4）na_rep：字符型，指定写入数据时用什么代替空值。

5）header：是否写入表头，值可以是布尔型或者元素为字符串的列表，默认为 True，表示写入表头。

6）index：是否写入行号，值为布尔型，默认为 True，当为 False 时图中第一列的行号就不会写入了。

7）columns：指定需要写入文件的列，值是元素为整型或字符串的列表。

例如下面的代码：

```
import pandas as pd
df_excel=pd.read_excel('./data/studentExcel.xlsx')
df_excel.to_excel('./data/studentExcelOne.xlsx',na_rep='--')
```

程序执行后，表格内容由图 2-20 变为图 2-21 所示。

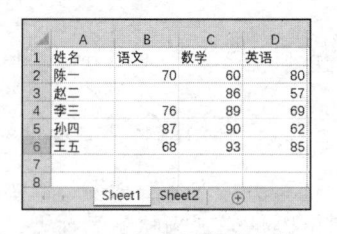
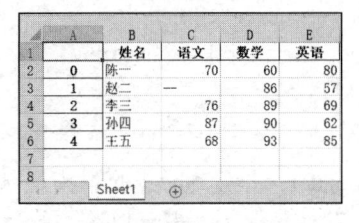

图 2-20　执行前表格内容　　　　　图 2-21　执行后表格内容

3. MySQL 数据库

在名为 test 的数据库中有一张名为 student 的表，表结构和数据如图 2-22 所示。

id	name	Chinese	Math	English
1	陈一	70	60	80
2	赵二	80	86	57
3	李三	76	89	69
4	孙四	87	90	62
5	王五	68	93	85

图 2-22　student 表

现在通过 pandas 读取表 student 的数据。在读取数据之前，先要安装 Python 读取 MySQL 的第三方库，安装命令如下：

```
pip install pymysql
```

pandas 通过 pandas 中的 read_mysql()方法读取 MySQL 数据库，其主要参数如下。

1）sql：要执行的 SQL 语句，为必传参数。

2）conn：数据库连接，可以使用 pymysql 创建，为必传参数。例如以下代码：

```
import pandas as pd
import pymysql

conn=pymysql.connect(host="localhost",user='wsh', password='123456',
db="test",charset="utf8")
sql = 'select * from student'
df = pd.read_sql(sql, conn)
print(df)
conn.close()
```

程序执行结果如下：

```
id name Chinese Math English
0 1 陈一 70 60 80
1 2 赵二 80 86 57
2 3 李三 76 89 69
3 4 孙四 87 90 62
4 5 王五 68 93 85
```

2.5.2　Series 对象

Series 是一个带有名称和索引的一维数组。既然是数组，就必须清楚数组中的元素类型，在 Series 中元素的数据类型可以是整数、浮点数、字符串、Python 对象等。

Series 中的元素与 Python 中的字典类似，也是由索引和值（index, values）两个部分组成。它不仅支持使用位置作为下标存取元素，而且还可以使用索引标签直接作为下标存取元素。其中索引如果在创建时没有明确指定，则会自动使用从 0 开始的非负整数作为索引，而值的数据类型可以不同。

Series 定义了 numpy 中 ndarray 对象的接口__array__()，所以可以用 numpy 的数组处理函数直接对 Series 对象进行处理。

1. Series 的创建

创建 Series 的基本格式是 s = Series(data, index=index, name=name)，下面是创建 Series 的例子：

```
import numpy as np
import pandas as pd
a = np.random.randn(5)
print("a is an array:")
print(a)
s = pd.Series(a)
print("s is a Series:")
print(s)
```

程序执行结果如下：

```
a is an array:
[ 1.90296841 -0.94059983  0.4246621   0.75903039 -1.05919668]
s is a Series:
0    1.902968
1   -0.940600
2    0.424662
3    0.759030
4   -1.059197
dtype: float64
```

在创建 Series 时可以添加 index，而且可以使用 Series.index 查看具体的 index。但是需要注意的是，当从数组创建 Series 时，若指定 index，那么 index 的长度要和 data 的长度一致。例如以下代码：

```
import numpy as np
import pandas as pd
s = pd.Series(np.random.randn(5), index = ['a' , 'b' , 'c' , 'd' , 'e'])
print(s)
print(s.index)
```

程序执行结果如下：

```
a    0.285266
b   -0.278392
c   -0.606192
d    0.700932
e    0.024803
dtype: float64
index(['a', 'b', 'c', 'd', 'e'], dtype='object')
```

Series 还可以从字典（dict）创建，例如：

```
import numpy as np
import pandas as pd
d = {'a' : 0. , 'b' : 1. , 'c' : 2}
print("d is a dict:")
print(d)
s = pd.Series(d)
print("s is a Series:")
print(s)
```

程序执行结果如下：

```
d is a dict:
{'a': 0.0, 'b': 1.0, 'c': 2}
s is a Series:
a    0.0
b    1.0
c    2.0
dtype: float64
```

使用字典创建 Series 时，若指定 index，则 index 的长度不必和字典相同。例如：

```
import numpy as np
import pandas as pd
s=pd.Series(d, index=['b', 'c', 'd', 'a'])
print(s)
```

程序执行结果如下：

```
b    1.0
c    2.0
d    NaN
a    0.0
dtype: float64
```

我们可以观察到两点，一是使用字典创建的 Series，数据将按 index 的顺序重新排列；二是 index 的长度可以和字典长度不一致，如果 index 的长度大于字典长度，pandas 将自动为多余的 index 分配 NaN（not a number，pandas 中数据缺失的标准记号），如果 index 的长度小于字典长度，就截取部分字典内容。如果数据就是一个单一的变量，如数字 4，那么 Series 将重复这个变量。例如：

```
import numpy as np
import pandas as pd
s=pd.Series(4., index=['a', 'b', 'c', 'd', 'e'])
print(s)
```

程序执行结果如下：

```
a    4.0
b    4.0
c    4.0
d    4.0
e    4.0
dtype: float64
```

2. Series 数据的访问

访问 Series 数据可以和数组一样使用下标，也可以像字典一样使用索引，还可以使用一些条件过滤。例如：

```
import numpy as np
import pandas as pd
s = pd.Series(np.random.randn(10),index=['a', 'b', 'c', 'd', 'e', 'f',
'g', 'h', 'i', 'j'])
print(s[0])
print(s[:2])
print(s[s>0.5])
```

程序执行结果如下：

```
0.15159005368513395
a    0.151590
b   -0.720035
dtype: float64
Series([], dtype: float64)
```

以上程序其实也就是 Series 的切片操作，包括位置切片和标签切片。当然，它也具有字典的功能，因此也支持字典的一些方法，如 Series.iteritems()。

2.5.3 DataFrame 对象

DataFrame（数据表）是 pandas 中最常用的数据对象。pandas 提供了将许多数据结构转换为 DataFrame 对象的方法，还提供了许多输入输出函数来将各种文件格式转换成 DataFrame 对象。

DataFrame 是将数个 Series 按列合并而成的二维数据结构，每一列单独取出来是一个 Series，这和 SQL 数据库中取出的数据是很类似的。

所以，按列对一个 DataFrame 进行处理更为方便，用户在编程时注意培养按列构建数据的思维。

DataFrame 的优势在于可以方便地处理不同类型的列，因此就不要考虑如何对一个全是浮点数的 DataFrame 求逆之类的问题了，处理这种问题还是把数据存成 numpy 的 matrix 类型比较便利一些。

1. DataFrame 的创建

首先来看如何从字典创建 DataFrame。DataFrame 是一个二维的数据结构，是多个 Series 的集合体。因此可以先创建一个值是 Series 的字典，然后将其转换为 DataFrame。例如：

```
import pandas as pd
d = {'one' : pd.Series([1.,2.,3.] , index=['a' , 'b' , 'c']),
     'two' : pd.Series([1.,2.,3.,4.] , index=['a' , 'b' , 'c' , 'd'])}
df = pd.DataFrame(d)
print(df)
```

程序执行结果如下：

```
    one  two
a   1.0  1.0
b   2.0  2.0
c   3.0  3.0
d   NaN  4.0
```

可以指定所需的行和列，若字典中不包含对应的元素，则置为 NaN。例如：

```
import pandas as pd
d = {'one' : pd.Series([1.,2.,3.] , index=['a' , 'b' , 'c']),
     'two' : pd.Series([1.,2.,3.,4.] , index=['a' , 'b' , 'c' , 'd'])}
df = pd.DataFrame(d , index=['r' , 'd' , 'a'] , columns=['two' ,
'three'])
print(df)
```

程序执行结果如下：

```
    two   three
r   NaN   NaN
d   4.0   NaN
a   1.0   NaN
```

可以使用 dataframe.index 和 dataframe.columns 来查看 DataFrame 的行和列，dataframe.values 则以数组的形式返回 DataFrame 的元素。例如：

```
import pandas as pd
d = {'one' : pd.Series([1.,2.,3.] , index=['a' , 'b' , 'c']),
     'two' : pd.Series([1.,2.,3.,4.] , index=['a' , 'b' , 'c' , 'd'])}
df = pd.DataFrame(d , index=['r' , 'd' , 'a'] , columns=['two' ,
'three'])
print ("DataFrame index:")
print (df.index)
print ("DataFrame columns:")
print (df.columns)
print ("DataFrame values:")
print (df.values)
```

程序执行结果如下：

```
DataFrame index:
Index(['r', 'd', 'a'], dtype='object')
DataFrame columns:
Index(['two', 'three'], dtype='object')
DataFrame values:
[[nan nan]
 [4.0 nan]
 [1.0 nan]]
```

DataFrame 也可以从值是数组的字典创建，但是各个数组的长度需要相同：

```
import pandas as pd
d = {'one' : [1. ,2. , 3. , 4.],
     'two' : [4. ,3. , 2. , 1.]}
df = pd.DataFrame(d , index= ['a' , 'b' , 'c' , 'd'])
print(df)
```

程序执行结果如下：

```
   one  two
a  1.0  4.0
b  2.0  3.0
c  3.0  2.0
d  4.0  1.0
```

当值为非数组时，没有这一限制，并且将缺失值补成 NaN。例如：

```
import pandas as pd
d = [{'a' : 1.6 , 'b' : 2},
     {'a': 3., 'b': 6 , 'c' : 9.}]
df = pd.DataFrame(d )
print(df)
```

程序执行结果如下：

```
     a  b    c
0  1.6  2  NaN
1  3.0  6  9.0
```

在实际处理数据时，有时需要创建一个空的 DataFrame，可以采用以下方式：

```
import pandas as pd
df = pd.DataFrame()
print(df)
```

程序执行结果如下：

```
Empty DataFrame
Columns: []
Index: []
```

另一种创建 DataFrame 的方法十分有用，那就是使用 concat()函数基于 Series 或者 DataFrame 创建一个 DataFrame。例如：

```
import pandas as pd
import numpy as np

a = pd.Series(range(5))
b = pd.Series(np.linspace(4 , 20 , 5))
df = pd.concat([a , b] , axis= 1)
print(df)
```

程序执行结果如下：

```
     0    1
0    0   4.0
1    1   8.0
2    2  12.0
3    3  16.0
4    4  20.0
```

其中的 axis=1 表示按列进行合并，axis=0 表示按行合并，并且 Series 都处理成一列，所以这里如果设置 axis=0 的话，将得到一个 10×1 的 DataFrame。下面这个例子展示了如何将 DataFrame 按行合并成一个大的 DataFrame。

```
import pandas as pd
import numpy as np

df = pd.DataFrame()
index = ['alpha', 'beta', 'gamma', 'delta', 'eta']
for i in range(5):
    a = pd.DataFrame([np.linspace(i, 5*i, 5)], index=[index[i]])
    df = pd.concat([df, a], axis=0)
print (df)
```

程序执行结果如下：

```
        0    1    2    3     4
alpha  0.0  0.0  0.0  0.0   0.0
beta   1.0  2.0  3.0  4.0   5.0
gamma  2.0  4.0  6.0  8.0  10.0
```

```
delta   3.0   6.0    9.0   12.0   15.0
eta     4.0   8.0   12.0   16.0   20.0
```

2. DataFrame 数据的访问

首先，再次强调一下 DataFrame 是以列作为操作基础的，全部操作都想象成先从 DataFrame 里取一列，再从这个 Series 中取元素即可。可以用 dataframe.column_name 选取列，也可以使用 dataframe[]操作选取列，将发现前一种方法只能选取一列，而后一种方法可以选择多列。若 DataFrame 没有列名，[]可以使用非负整数，也就是"下标"选取列；若有列名，则必须使用列名选取。另外 dataframe.column_name 在没有列名的时候是无效的。例如：

```
import pandas as pd
import numpy as np

df = pd.DataFrame()
index = ['alpha', 'beta', 'gamma', 'delta', 'eta']
for i in range(5):
    a = pd.DataFrame([np.linspace(i, 5*i, 5)], index=[index[i]])
    df = pd.concat([df, a], axis=0)

print (df[1])
print (type(df[1]))
df.columns = ['a' , 'b' , 'c' , 'd' , 'e']
print(df['b'])
print(type(df['b']))
print(df.b)
print(type(df.b))
print(df[['a' , 'd']])
print(type(df[['a' , 'd']]))
```

程序执行结果如下：

```
alpha      0.0
beta       2.0
gamma      4.0
delta      6.0
eta        8.0
Name: 1, dtype: float64
<class 'pandas.core.series.Series'>
alpha      0.0
beta       2.0
```

```
gamma    4.0
delta    6.0
eta      8.0
Name: b, dtype: float64
<class 'pandas.core.series.Series'>
alpha    0.0
beta     2.0
gamma    4.0
delta    6.0
eta      8.0
Name: b, dtype: float64
<class 'pandas.core.series.Series'>
         a       d
alpha    0.0     0.0
beta     1.0     4.0
gamma    2.0     8.0
delta    3.0     12.0
eta      4.0     16.0
<class 'pandas.core.frame.DataFrame'>
```

以上代码使用了 dataframe.columns 为 DataFrame 赋列名，并且可以看到单独取一列出来，其数据结构显示的是 Series，取两列及两列以上的结果仍然是 DataFrame。访问特定的元素可以像 Series 一样使用下标或者是索引，例如：

```python
import pandas as pd
import numpy as np

df = pd.DataFrame()
index = ['alpha', 'beta', 'gamma', 'delta', 'eta']
for i in range(5):
    a = pd.DataFrame([np.linspace(i, 5*i, 5)], index=[index[i]])
    df = pd.concat([df, a], axis=0)
print(df['b'][2])
print(df['b']['gamma'])
```

程序执行结果如下：

```
4.0
4.0
```

若需要选取行，可以使用 dataframe.iloc 按下标选取，或者使用 dataframe.loc 按索引选取。例如：

```
import pandas as pd
import numpy as np

df = pd.DataFrame()
index = ['alpha', 'beta', 'gamma', 'delta', 'eta']
for i in range(5):
    a = pd.DataFrame([np.linspace(i, 5*i, 5)], index=[index[i]])
    df = pd.concat([df, a], axis=0)
print(df.iloc[1])
print(df.loc['gamma'])
```

程序执行结果如下：

```
a    1.0
b    2.0
c    3.0
d    4.0
e    5.0
Name: beta, dtype: float64
a     2.0
b     4.0
c     6.0
d     8.0
e    10.0
Name: gamma, dtype: float64
```

选取行还可以使用切片或布尔类型的向量或行列组合起来选取数据。

如果不是需要访问特定的行或列，而只是访问某个特殊位置的元素，dataframe.at 和 dataframe.iat 是最快的方式，它们分别使用索引和下标进行访问。例如：

```
import pandas as pd
import numpy as np

df = pd.DataFrame()
index = ['alpha', 'beta', 'gamma', 'delta', 'eta']
for i in range(5):
    a = pd.DataFrame([np.linspace(i, 5*i, 5)], index=[index[i]])
    df = pd.concat([df, a], axis=0)
print(df.iat[2,3])
print(df.at['gamma' , 'd'])
```

程序执行结果如下：

```
8.0
8.0
```

dataframe.ix 可以混合使用索引和下标进行访问,唯一需要注意的是行列内部需要一致,不可以同时使用索引和标签访问行或列,否则将会得到意外的结果。

3. DataFrame 的排序和排名

可以根据索引排序,对于 DataFrame 来说可以指定轴。例如:

```
import pandas as pd
import numpy as np

obj = pd.Series(range(4), index = ['d', 'a', 'b', 'c'])
print (obj.sort_index())
frame = pd.DataFrame(np.arange(8).reshape((2, 4)),
                index = ['three', 'one'],
                columns = list('dabc'))
print (frame.sort_index())
print (frame.sort_index(axis = 1))
print (frame.sort_index(axis = 1, ascending = False))
```

程序执行结果如下:

```
a    1
b    2
c    3
d    0
dtype: int64
       d  a  b  c
one    4  5  6  7
three  0  1  2  3
       a  b  c  d
three  1  2  3  0
one    5  6  7  4
       d  c  b  a
three  0  3  2  1
one    4  7  6  5
```

当然,也可以根据值排序,并且可以指定按值排序的列。

另外,DataFrame 的统计分析函数与 numpy 的基本一致,其调用方式也大同小异。

2.5.4　常用函数

本节将总结一下 pandas 中的常用函数,函数大多数是针对 Series 和 DataFrame 两种对象进行的。下面的语句可以导入 Series 和 DataFrame:

```
import pandas as pd
from pandas import Series
from pandas import DataFrame
```

当然，也可以像前面代码中的写法一样，只导入 pandas，即

```
import pandas as pd
```

在代码中需要使用 Series 和 DataFrame 时，写作 pd.Series 和 pd.DataFrame。
只要选择上述其中一种导入方式，就可以使用表 2-3 中的所有函数。

表 2-3　pandas 模块中的部分函数

pandas	名称	说明	例子
Series	Series()	创建 Series 数据	s1=Series(data=[1,2,3,4,5])
	shape, size index, values	相应的属性	print(s1.shape,s1.size,s1.index,s1.values) 输出结果：(5,) 5 RangeIndex(start=0, stop=5, step=1) [1 2 3 4 5]
	numpy 中的函数，如表 2-2 所示，如 std()、max()、min()、mean()	在 Series 中都适用	print(s1.max()) 输出结果：5
	add() drop() append() sort() replace()	对元素值的操作	idx = "hello the world".split() val = [1, 21, 104] t = pd.Series(val, index = idx) val = [4, 4, 4] s = pd.Series(val, index = idx)
	loc[:]	切片操作	print (t.add(s)) 输出结果：hello　　5 　　　　　the　　25 　　　　　world　108
DataFrame	DataFrame()	创建 DataFrame 数据	df=pd.DataFrame(np.arange(10).reshape(2,5))
	columns, columns.values	获取所有列索引的名称及数据	print(df.shape,df.columns,df.values) print(df.head(2))
	index	获取行索引	print(df.ix[0:2]) 输出结果：(2,5) RangeIndex(start=0, stop=5, step=1) [[0 1 2 3 4] 　　　　　　[5 6 7 8 9]]
	loc[]	切片操作	0　1　2　3　4 0　0　1　2　3　4 1　5　6　7　8　9 　　0　1　2　3　4 0　0　1　2　3　4 1　5　6　7　8　9

pandas	名称	说明	例子
DataFrame	unique()	获取元素的唯一值（即去掉重复的值）	df=pd.DataFrame(np.arange(10).reshape(2,5)) print(df.describe()) 输出结果：
	max(),min()	可直接取最大和最小值	
	value_counts()	统计不同元素出现的次数	
	groupby()	将数据进行分组	
	isin(),isnull()	条件筛选	
	head(n)	显示前 n 行数据	
	describe()	显示所有统计数据信息	

```
       0      1      2      3      4
count  2.000  2.000  2.000  2.000  2.000
mean   2.500  3.500  4.500  5.500  6.500
std    3.535  3.535  3.535  3.535  3.535
min    0.000  1.000  2.000  3.000  4.000
25%    1.250  2.250  3.250  4.250  5.250
50%    2.500  3.500  4.500  5.500  6.500
75%    3.750  4.750  5.750  6.750  7.750
max    5.000  6.000  7.000  8.000  9.000
```

下面利用 pandas 和 numpy 进行简单的数据统计分析。

【例 2-8】生成 6 个日期索引，并生成 6 行 4 列的随机数，每列的列名为 A、B、C、D，并从数值中筛选出大于 0 的元素。二维数组的格式如下：

```
                    A          B          C          D
2020-03-10   -0.360147   0.540623  -0.558714   1.413690
2020-03-11   -0.319519  -0.094318   0.258944   0.203172
2020-03-12    1.637633  -1.291096  -0.788428   1.446966
2020-03-13   -0.516229   0.363410  -0.401253  -0.298827
2020-03-14    1.070630  -0.418284  -0.523832  -1.915274
2020-03-15   -0.468987  -1.560001   0.833690   0.742793
```

具体程序如下：

```
import pandas as pd
import numpy as np

dates=pd.date_range('20200310',periods=6)
# 生成 6 行 4 列的随机数
df = pd.DataFrame(np.random.randn(6,4), index=dates, columns=['A','B','C','D'])
print(df)

print(df[df.A > 0])# 筛选
```

程序运行结果如下：

```
                    A          B          C          D
2020-03-10   -1.281923   2.243773   0.296960   0.269341
2020-03-11   -1.670391   0.622282  -1.542550  -0.769662
```

2020-03-12	−1.136836	−0.681635	1.209770	−0.172263
2020-03-13	0.449653	0.797703	0.558880	1.224792
2020-03-14	0.955199	−0.973180	−0.833592	−0.538283
2020-03-15	0.722661	−1.766727	0.183772	2.763716
	A	B	C	D
2020-03-13	0.449653	0.797703	0.558880	1.224792
2020-03-14	0.955199	−0.973180	−0.833592	−0.538283
2020-03-15	0.722661	−1.766727	0.183772	2.763716

◀ **拓展项目** ▶

题目：基于数据文件 births.csv，绘制 2016～2020 年五年内男孩和女孩的出生数量统计图，包括平均值、标准差、最大值和最小值。

要求：在本项目程序的基础上进行修改，实现如图 2-23 所示的图形。

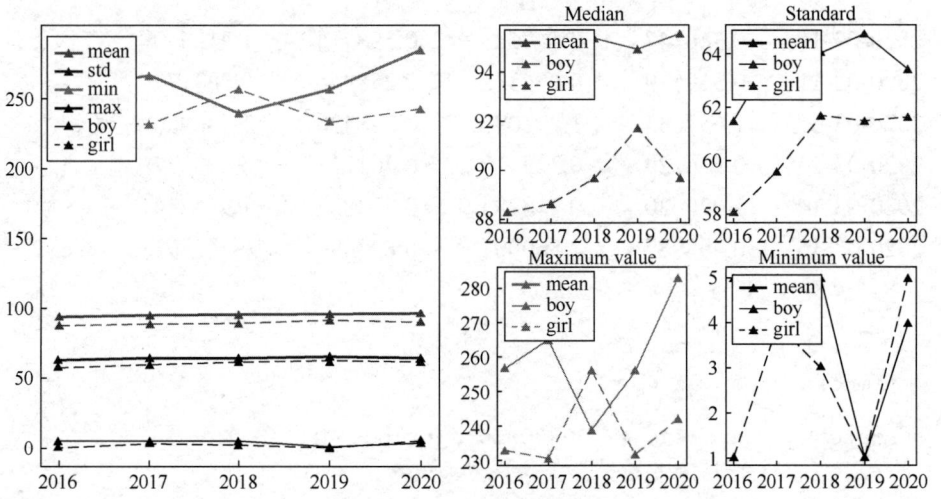

图 2-23　运行结果

课 后 练 习

准备好相应的数据，执行下面的程序。

```
import numpy as np
```

```
x=np.arange(0,100)
y=x*2
z=x**2
```

1. 创建一个 figure 对象 fig。

2. 使用 add_axes 命令在[0,0,1,1]位置创建坐标轴，并命名为 ax，设置 titles 和 labels 如图 2-24 所示。

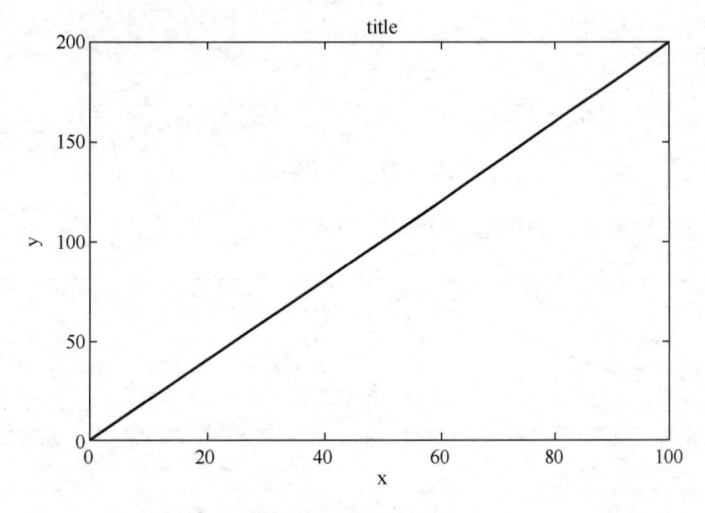

图 2-24　创建坐标轴

3. 使用 plt.subplots(nrows=1, ncols=2) 创建如图 2-25 所示的图形。

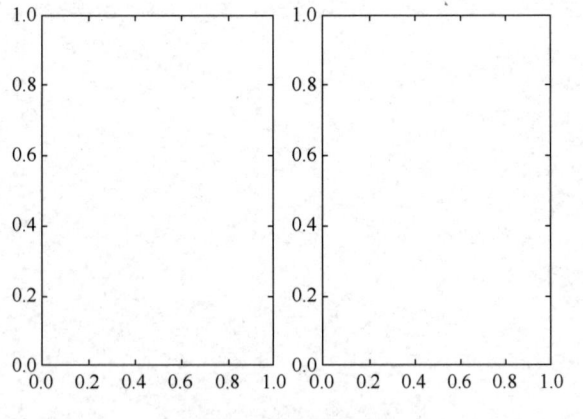

图 2-25　创建图形

4. 使用 plot(x,y)和 plot(x,z)函数并通过设置 linewidth 和 style 创建如图 2-26 所示的图形。

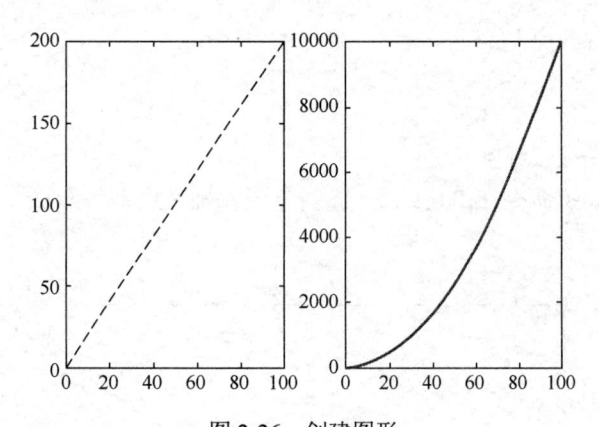

图 2-26　创建图形

5. 重绘题 4 的图形，如图 2-27 所示。

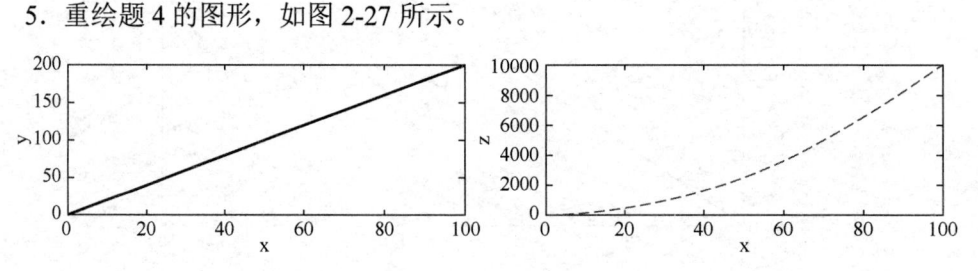

图 2-27　重绘图形

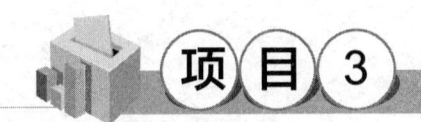

家务劳动与学历、性别的关系

▶ 项目背景

　　在很多家庭中，传统的生活模式都是女性做更多的家务劳动，而男性可能较少参与。但是近些年，这样的生活模式正在被逐步打破，越来越多的男性在生活中承担起了更多的家庭事务，这也在一定程度上提升了女性的幸福感，以及男性在家庭生活中的参与感。

　　但是并非在所有家庭中都有这种明显的改变，这可能与家庭成员的自然情况有关，比如夫妻双方的学历、年龄，以及工作时间等。因此，我们调查了身边一些家庭的相关数据，并进行分析，得出了家务劳动的多少与性别、学历之间的关系。

　　当然，本项目数据样本比较少，只是为了令初学者领悟图形绘制方法，并不具有权威性。

▶ 学习目标

※知识目标

- 掌握柱状图、直方图和条形图的基本概念及区别。
- 掌握柱状图、直方图和条形图的绘制语法。
- 掌握柱状图、直方图和条形图的用途。

※能力目标

- 能够正确调用模块。
- 能够编写图形绘制程序。
- 能够根据需求绘制不同风格及色彩的图形。

※素质目标

- 审美能力。
- 分析能力。
- 逻辑思维能力。

◀ 项目实现 ▶

◆【项目描述】

本项目是为了分析某地区 20 个家庭在日常生活中，每个家庭成员平日做家务劳动与性别、学历、年龄，以及工作时间的关系，并通过数据的分析，对这一关系进行数据可视化。该项目主要用到了与 Python 相关的 matplotlib 模块和 numpy 模块。

本项目要实现的功能包括：

1）读取 home.xlsx 文件中的数据，如图 3-1 所示；

2）按学历统计男性和女性做家务劳动的时间比率；

3）由于数据特征中数据标签文字较长，因此选择绘制条形图；

4）设置纵坐标刻度为不同学历；

5）设置横坐标标签为"时间比率"；

6）设置图形的标题为"做家务与学历的关系"；

7）设置图例，并放置在最合适的位置；

8）绘制条形图并显示出来。

	A	男（小时：分钟）	女（小时：分钟）	差值（小时：分钟）	malePer	femalePer
1		男（小时：分钟）	女（小时：分钟）	差值（小时：分钟）	malePer	femalePer
2	周平均	1:18	2:10	0:52	37.5	62.5
3	工作日	0:53	1:36	0:43	35.57	64.43
4	休息日	2:20	3:37	1:17	39.22	60.78
5	初中及以下	1:41	3:13	1:32	34.35	65.65
6	高中	1:35	2:37	1:02	37.7	62.3
7	大学及以上	1:10	1:50	0:40	38.89	61.11
8	20~24岁	0:42	1:05	0:23	39.25	60.75
9	25~29岁	0:58	1:37	0:39	37.42	62.58
10	30~39岁	1:23	2:14	0:51	38.25	61.75
11	40~49岁	1:04	2:07	1:03	33.51	66.49
12	50~59岁	1:51	3:25	1:34	35.13	64.87
13	60岁以上	2:00	3:39	1:39	35.4	64.6
14	已婚	1:54	3:23	1:29	35.96	64.04
15	未婚	0:56	1:37	0:41	36.6	63.4
16						

图 3-1　数据文件

本项目的任务是将数据进行提取，绘制条形图。项目数据是 Excel 格式的数据文件，存储了不同时间、学历、年龄、婚姻状况下男女做家务的时间以及做家务劳动时间比率。

项目只将不同学历的男女在做家务劳动时付出时间的比率显示在条形图中，其他因

素与做家务劳动的时间比率并未绘制图形，这将留给读者作为思考问题。

项目结果如图 3-2 所示，显示了不同学历的男女在做家务劳动时所付出时间的比例。

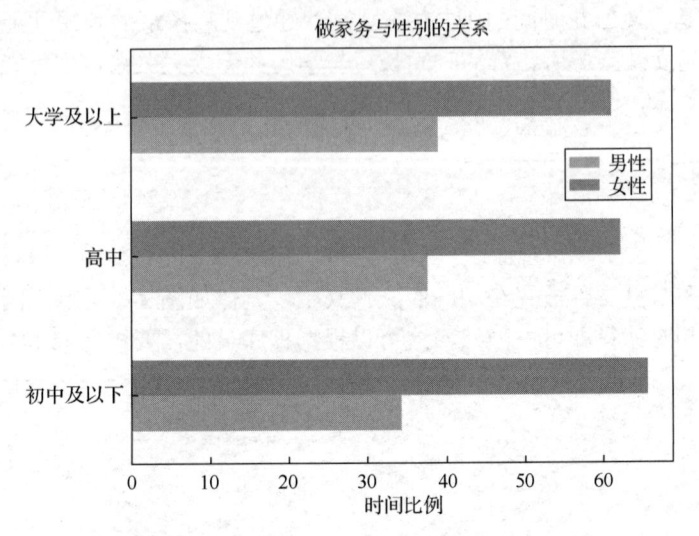

图 3-2　做家务劳动与性别及学历的关系图

◆▷【项目分析】◁•

本项目通过读取 Excel 文件中的数据，提取不同学历的男女在做家务劳动中付出时间所占的比率，使用 pandas 进行处理数据，并利用 pandas 的 plot()函数绘制条形图。这给读者拓宽了绘图的思路，即不仅仅可以使用 matplotlib.pyplot.plot()绘制条形图。

1. 图形概念

条形图、柱状图、直方图都是以条状的图形显示在 figure 中的，它们是以条形的宽度和高度来体现数据的大小及类别的。这三种图形大体上差不多，只有一些细微的区别，在实际中可以根据需要选择不同的图形。

2. 图形元素分析

从项目执行结果中可以知道，条形类的图主要是由条状的图形及横纵坐标组成，但是此类图中很多时候也将横纵坐标隐藏起来，主要体现条形所表示的数据。

3. 技术分析

绘制条形图的关键在于设置横纵坐标所表示的意义，并且正确计算条形所表示的数据值，设置好条形所表示的意义。

从数据上看，家务劳动在生活中所占的时间长度与性别是有关系的，男性一般情况

下比女性所花时间要少，甚至少到只有女性的 1/2；但是，男性和女性做家务的时间长短与学历高低并无太大关系，无论是初中、高中、大学及以上的哪种学历，男性做家务的时间基本上是女性所花时间的 1/2 左右。这些通过观察条形的长短便能轻松得出。值得一提的是，男女做家务所花费的时间长短与学历并无太大关系，这可能与很多人想象的并不相符。

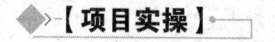

1. 文件目录

由于程序和数据文件放置在相同的文件夹中，具体如图 3-3 所示，因此在编写程序时只需要使用相对路径即可。当然，这可以根据程序员的需要进行修改。

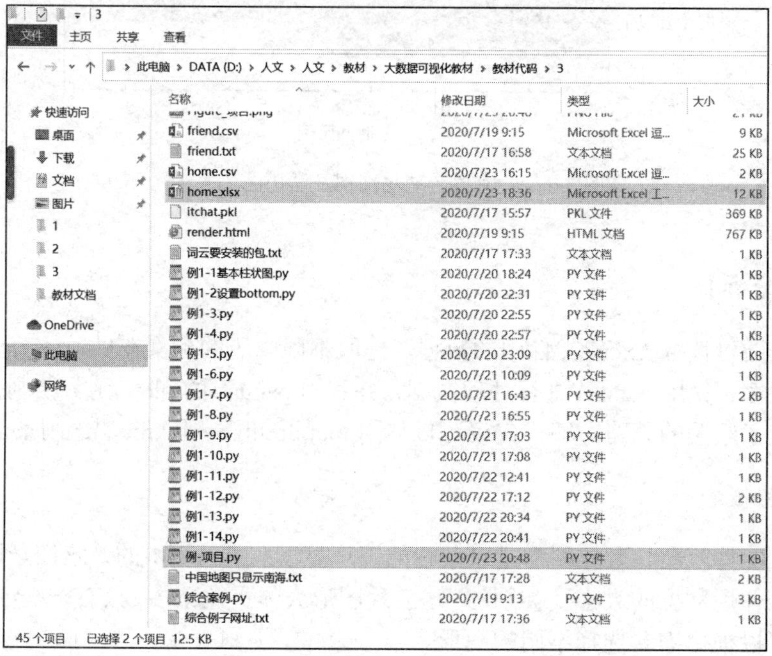

图 3-3　程序目录

2. 运行程序

在 IDLE 中选择该程序并执行 Run->Run Module 命令即可运行该程序，结果如图 3-2 所示。具体程序如下：

```python
import pandas as pd
import matplotlib.pyplot as plt
import matplotlib.font_manager as fm

file = 'home.xlsx'
```

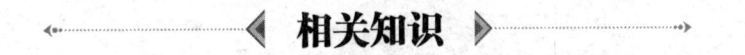

```
df=pd.read_excel(file,sheet_name='homeSex')#读取这个 Excel 的指定表单
#data=df.loc[3:5].values#0 表示第一行。这里读取的数据并不包含表头

df=pd.DataFrame({'男性':(df['malePer'][3],df['malePer'][4],df
['malePer'][5]),
                        '女性':(df['femalePer'][3],df['femalePer'][4],
df['femalePer'][5])})
#print("读取指定行的数据：\n{0}".format(data))
df.plot(kind='barh')
plt.yticks([0,1,2],['初中及以下','高中','大学及以上'],
        fontproperties='simhei',
        rotation=30)
plt.xlabel('时间比率',fontproperties='simhei',fontsize=10)
plt.title('做家务与性别的关系',fontproperties='simhei',fontsize=15)
font=fm.FontProperties(fname=r'C:\Windows\Fonts\SIMLI.TTF')
plt.legend(prop=font,loc=(0.8,0.63))
#print(data)
print(df)
plt.show()
```

◆ **相关知识** ▶

3.1　柱状图、直方图和条形图的基本概念

柱状图、直方图和条形图在实际应用中非常常见，它们之间也非常相似，下面分别介绍它们的基本概念并给出实例进行说明。

1. 柱状图

柱状图比较简单，其 x 轴为分类数据，并且它的柱没有次序，可以根据具体情况有多种排列方法；y 轴表示其柱所代表的数据值的大小。这些柱之间有间隔并且柱的宽度一致。

典型的柱状图如图 3-4 所示。

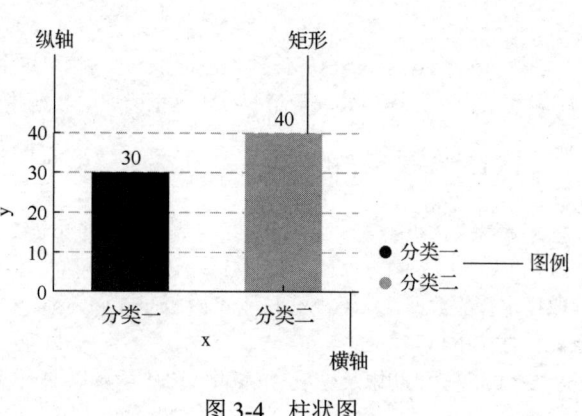

图 3-4　柱状图

2. 直方图

直方图与柱状都是数据分析中非常常见和常用的图表，由于二者外观上看起来非常相似，也就难免造成一些混淆。典型的直方图如图 3-5 所示。

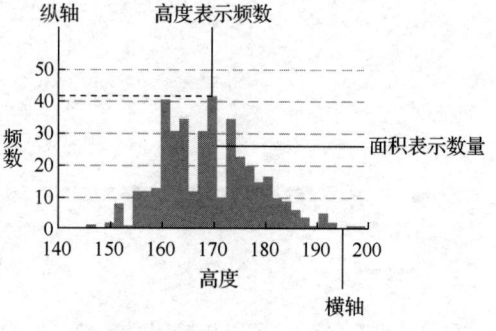

图 3-5　直方图

直方图（histogram）的形状类似柱状图却有着与柱状图完全不同的含义。直方图涉及统计学概念，首先要对数据进行分组，然后统计每个分组内数据元的数量。在平面直角坐标系中，横轴标出每个组的端点，纵轴表示频数，每个矩形的高代表对应的频数，这样的统计图称为频数分布直方图。

频数分布直方图需要经过频数乘以组距的计算过程才能得出每个分组的数量，同一个直方图的组距是一个固定不变的值，所以如果直接用纵轴表示数量，每个矩形的高代表对应的数据元数量，这样既能保持分布状态不变，又能直观地看出每个分组的数量。

通过直方图还可以观察和估计哪些数据比较集中，异常或者孤立的数据分布在何处。

下面介绍直方图中几个基本的概念。

● 组数：在统计数据时，我们把数据按照不同的范围分成几个组，分组的个数称为组数。

● 组距：每一组两个端点的差。

● 频数：分组内数据元的数量除以组距。

3. 条形图

条形图其实就是将柱状图中的柱状变成横向来绘制。

条形图和柱状图数据的表达形式基本相同，区别如下：

1）条形图由于是横向的，所以更适合用于一些类别名称比较长的数据，这样类别名称就可以显示完整；而柱状图则会因为类别名称太长而变成45°显示，或是省略部分内容，影响美观。

2）条形图可以做成横向的旋风图进行对比，很漂亮，也比较直观，柱状图则不行。

3）柱状图可以与折线图配合次坐标轴，做成复合型图表，而条形图在这点上想实现比较费力。

条形图和柱状图能够表达的内容差不多，可以根据放置图表的区域形状，选择合适的图形。一般来说，反映数据分布特征的用柱状图，观察数据大小的用条形图，柱状图还可以用来表示同一件事物在不同时间的变化情况。

条形图和直方图的区别如下：

1）条形图是用条形的长度表示各类别频数的多少，其宽度（表示类别）则是固定的；直方图是用面积表示各组频数的多少，矩形的高度表示每一组的频数或频率，宽度则表示各组的组距，因此其高度与宽度均有意义。

2）由于分组数据具有连续性，直方图的各矩形通常是连续排列，而条形图则是分开排列。

3）条形图主要用于展示分类数据，而直方图则主要用于展示数据型数据。

柱状图和直方图是两种非常类似的统计图，其区别如下：

1）直方图展示数据的分布，柱状图比较数据的大小。直方图的 x 轴为定量数据，柱状图的 x 轴为分类数据。因此，直方图上的每个条形都是不可移动的，x 轴上的区间是连续的、固定的。柱状图上的每个条形是可以随意排序的，有时需要按照分类数据的名称排列，有时则需要按照数值的大小排列。

2）直方图的柱子间无间隔，柱状图的条形有间隔。柱状图条形的宽度因为没有数值含义，所以宽度必须一致。但是在直方图中，条形的宽度代表了区间的长度，根据区间的不同，条形的宽度可以不同，但理论上应为单位长度的倍数。

3.2 绘制柱状图

3.2.1 常用函数

绘制这三种图形只要调用 matplotlib 模块就可以轻松实现。由于柱状图的绘制比较简单，本节将给出大量实例来说明各种不同柱状图的实现方法。

bar()是生成柱状图的函数，语法如下：

```
matplotlib.pyplot.bar(left, height, alpha=1, width=0.8, bottom=None,
color=, edgecolor=, label=, lw=3)
```

其中的参数含义如下：

- left：x 轴的位置序列，一般采用 range 函数产生一个序列，有时候也可以是字符串。
- height：y 轴的数值序列，也就是柱形图的高度，一般就是我们需要展示的数据。
- alpha：柱状图的透明度，值越小越透明。
- width：柱状的宽度，一般设置为 0.8 即可。
- bottom：柱状图下边缘所在纵坐标的位置。
- color 或 facecolor：柱状图填充的颜色。
- edgecolor：图形边缘颜色。
- label：解释每个图像代表的含义，这个参数是为 legend()函数做铺垫的，表示该次 bar 的标签。
- linewidth、linewidths 或 lw：边缘 or 线的宽度。

事实上，left、height、width 和 bottom 这 4 个参数确定了柱体的位置和大小。默认情况下，left 为柱体居中时的位置。

3.2.2 用法举例

本节的每一个实例都是柱状图的属性用法说明，下面先举一个最简单的柱状图绘制例子。

【例 3-1】绘制基本柱状图。

具体程序如下：

```
import matplotlib.pyplot as plt

data = [5, 20, 15, 25, 10] # 每个柱的高度值
plt.bar(range(len(data)), data) # 生成柱状图的函数 bar()

plt.show()
```

例 3-1 实操

程序的运行结果如图 3-6 所示。

【例 3-2】改变 bottom 的值。

具体程序如下：

```
import matplotlib.pyplot as plt

data = [5, 20, 15, 25, 10]

plt.bar([0.3, 1.7, 4, 6, 7], data, width=0.6, bottom=[10, 0, 5, 0, 5])
plt.show()
```

例 3-2 实操

程序的运行结果如图 3-7 所示。在该程序中，left=[0.3, 1.7, 4, 6, 7]，它设置了每个

柱中心点横坐标的位置，例如图中第 4 个柱的中心点横坐标对应的值就是 6；而 bottom=[10, 0, 5, 0, 5]设置的是柱的下边缘所在的纵坐标的位置，例如图中第一个柱的下边缘对齐纵坐标为 10 的位置。

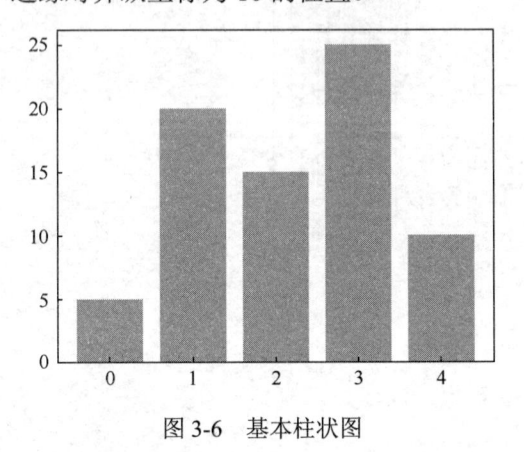

图 3-6　基本柱状图

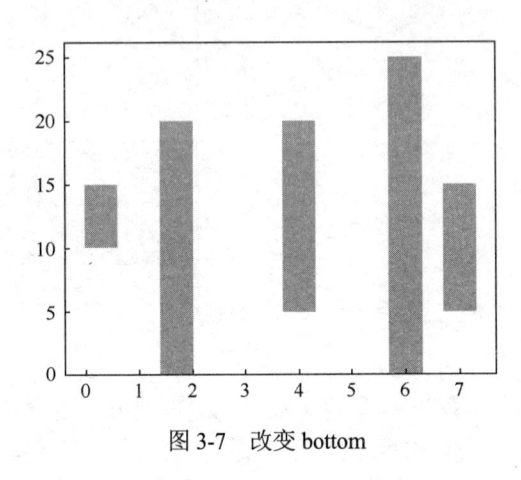

图 3-7　改变 bottom

bar()函数实现的效果有好多种，包括基本的柱状图、堆叠柱状图、并列柱状图、条形图以及柱状图的各种样式设置。

【例 3-3】设置柱状图的透明度、颜色、边缘线的颜色、标签、边缘线的宽度，并且给出坐标轴的名称，以及该柱状图的标题，并且生成图形的图例。

具体程序如下：

例 3-3 实操

```
import pandas as pd
import numpy as np
import matplotlib.pyplot as plt

y = range(1,17)

plt.bar(np.arange(16), y, alpha=0.5, width=0.3, color='yellow',
edgecolor='red', label='Bar1', lw=3)
    plt.bar(np.arange(16)+0.4, y, alpha=0.2, width=0.3, color='green',
edgecolor='blue', label='Bar2', lw=3)
    plt.xlabel('X Axis', fontsize=15)
    plt.ylabel('Y Axis', fontsize=15)
    plt.title('My Bar', fontsize=15)
    # fontsize 可以控制字体大小
    plt.legend(loc='upper left')
    plt.show()
```

程序运行结果如图 3-8 所示。

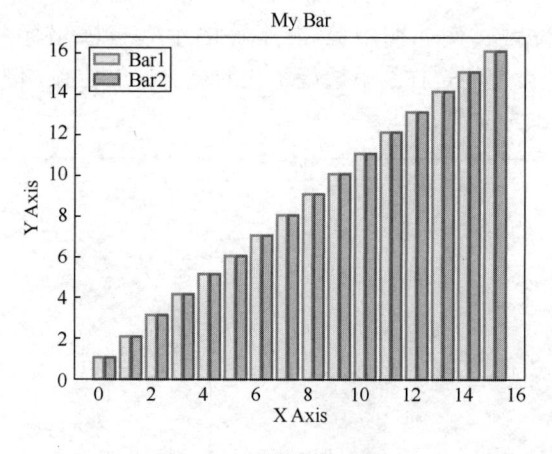

图 3-8　设置其他属性

【例 3-4】 将 x 轴的刻度设置为自定义的字符串。

具体程序如下：

```
import matplotlib.pyplot as plt

x = ['a', 'b', 'd', 'c']
y = [1, 2, 3, 4]

plt.bar(x, y, alpha=0.5, width=0.3, color='yellow', edgecolor='red',
label=' Bar1', lw=3)
plt.legend(loc='best')

plt.show()
```

在程序中将 x 值设置为['a', 'b', 'd', 'c']，这些值可以根据需要进行设置，非常灵活好用。程序运行结果如图 3-9 所示。

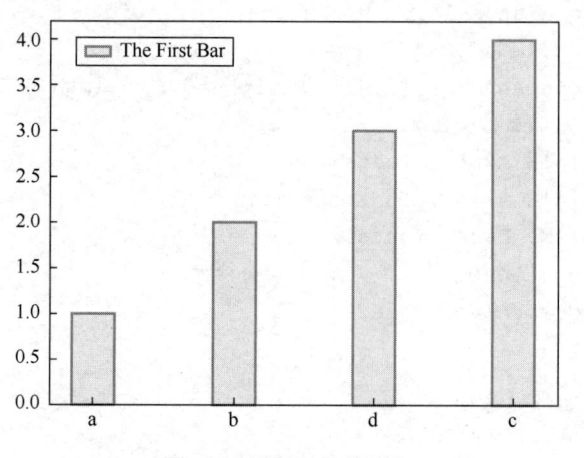

图 3-9　设置 x 轴的刻度

如果 x 轴的标签比较长，会导致在横坐标上显示的效果不好，各个标签之间可能会重叠，影响阅读，此时可以使用 plt.xticks()函数将标签设置为倾斜的。

【例 3-5】设置倾斜的 x 轴刻度标签。

具体程序如下：

```
import numpy as np
import matplotlib as mpl
mpl.rcParams['font.sans-serif']=['SimHei']

import matplotlib.pyplot as plt

x = []
y = []

x = ['c', 'a', 'd', 'b']
y = [1, 2, 3, 4]
# plt.figure(figsize=(40,40))
plt.bar(x, y, alpha=0.5, width=0.3, color='yellow', edgecolor='red',
label='The First Bar', lw=3)
plt.legend(loc='upper left')
plt.xticks(np.arange(4), ('Tick A','Tick B', 'Tick C', 'Tick D'),
rotation=30)    # rotation 控制倾斜角度

plt.show()
```

在 xticks()函数中，设置标签为 Tick A、Tick B、Tick C 和 Tick D 并且将标签的倾斜角度参数 rotation 设置为 30°。程序运行结果如图 3-10 所示。

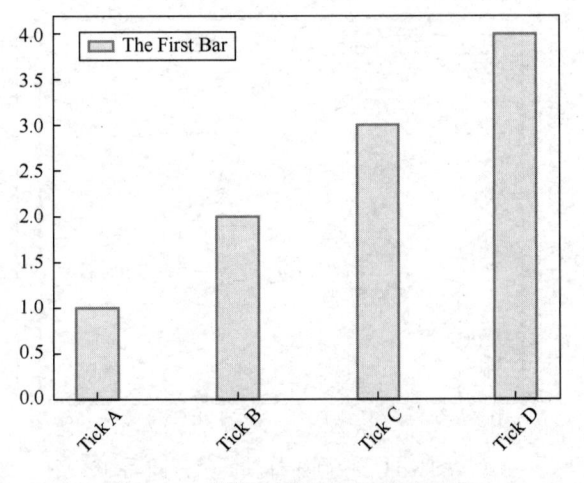

图 3-10　设置倾斜的 x 轴刻度标签

如果不想倾斜 x 轴的标签，那么也可以控制该轴的数值间隔，使得它足够放得下 x

轴的标签长度。同理，也可以设置 y 轴的数值间隔。设置坐标轴的数值间隔所用的函数为 plt.xticks(np.arange())和 plt.yticks(np.arange())。

【例 3-6】控制坐标轴的数值间隔。

具体程序如下：

```
import numpy as np
import matplotlib as mpl
mpl.rcParams['font.sans-serif']=['SimHei']

import matplotlib.pyplot as plt

x = []
y = []

x = ['c', 'a', 'd', 'b']
y = [1, 2, 3, 4]
# plt.figure(figsize=(40,40))
plt.bar(x, y, alpha=0.5, width=0.3, color='yellow', edgecolor='red',
label='The First Bar', lw=3)
plt.legend(loc='upper left')
plt.xticks(np.arange(4), ('A','B', 'C', 'D'), rotation=30)# 控制 x 轴
的数值间隔
plt.yticks(np.arange(0, 5, 0.2))# 控制 y 轴的数值间隔
plt.show()
```

在 xticks()和 yticks()函数中，利用 np.arange(4)设置 x 或 y 轴的数值间隔。程序运行结果如图 3-11 所示。

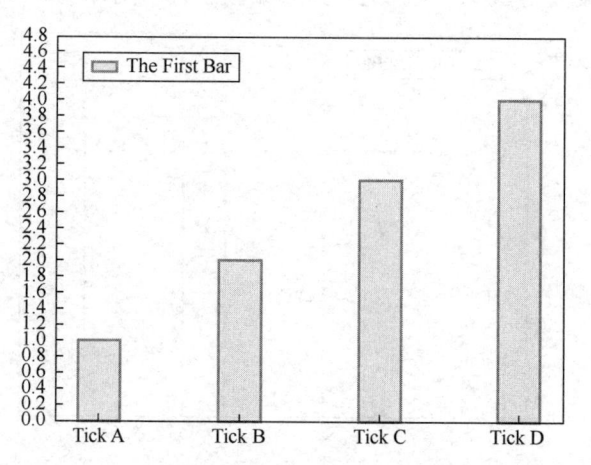

图 3-11　控制坐标轴的数值间隔

可以看到 x 轴上的标签能够放得下，而且 y 轴的刻度是密集的，可以将数据刻画得更精细。

【例 3-7】在柱状图中添加其他属性。

当然，也可以在程序中加上 label 和 title，如果遇到 title 越出画布的，可以使用 plt.figure(figsize=())适当调整 figsize 的大小；利用 plt.savefig('图片名称.png')可以保存图片。并且也可以将图形框的 4 条边去掉，或者将坐标轴线宽进行加粗，还可以利用 plt.text() 函数在柱状图顶部添加文字。

具体程序如下：

```python
import numpy as np
import matplotlib as mpl
mpl.rcParams['font.sans-serif']=['SimHei']

import matplotlib.pyplot as plt

x = ['c', 'a', 'd', 'b']
y = [1, 2, 3, 4]
# 调整画布尺寸
# plt.figure(figsize=(25,35))
ax = plt.subplot(1,1,1)
ax.spines['bottom'].set_linewidth(5)
ax.spines['left'].set_linewidth(5)
ax.spines['top'].set_visible(False)
ax.spines['right'].set_visible(False)

plt.bar(x, y, alpha=0.5, width=0.3, color='blue', edgecolor='red',
label='Bar1', lw=3)
# 在每个柱顶部添加文字
for a, b in zip(x, y):
    plt.text(a, b + 0.05, '%.0f' % b, ha='center', va='bottom',
fontsize=10)

plt.legend(loc='upper left')
plt.xticks(np.arange(4), ('Tick A','Tick B', 'Tick C', 'Tick D'))
plt.yticks(np.arange(0, 5, 0.4))

# fontsize 控制了 label 和 title 的字体大小
plt.ylabel('Missing Rate(%)', fontsize=10)
plt.title('Missing Rate Of Attributes', fontsize=10)
plt.xlabel('Attr Miss Rate', fontsize=10)

# 调整坐标轴上数值和字体的大小
plt.tick_params(axis='both', labelsize=15)
# 保存图像
plt.savefig('Figure_7.png')
plt.show()
```

程序运行结果如图 3-12 所示。

【例 3-8】给不同的柱填充不同的纹理样式。

可以通过 hatch 参数，一次性给不同柱形填充不同的纹理。这些属性的设置都在函数 bar()中完成。

具体程序如下：

```
import matplotlib.pyplot as plt

data = [5, 20, 15, 25, 10]
# 也可以在 bar()函数中加入属性 hatch='+'
# 可以取值为/、\、|、-、+、x、o、O、.、*
patterns=['-', '+', 'x', '\', '*']for i in range(len(data):plt.bar(i.
data[i],hatch=pattern[i]))
plt.savefig('Figure_8.png')

plt.show()
```

程序运行结果如图 3-13 所示。

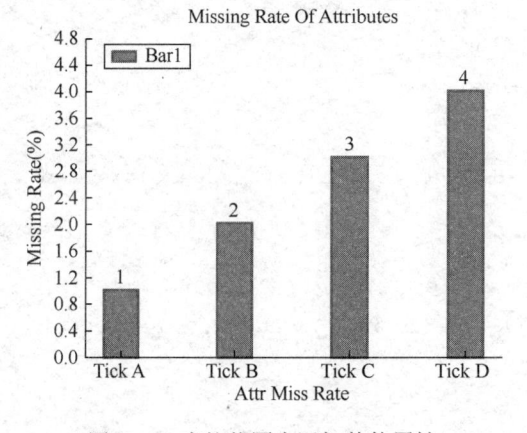

图 3-12　在柱状图中添加其他属性

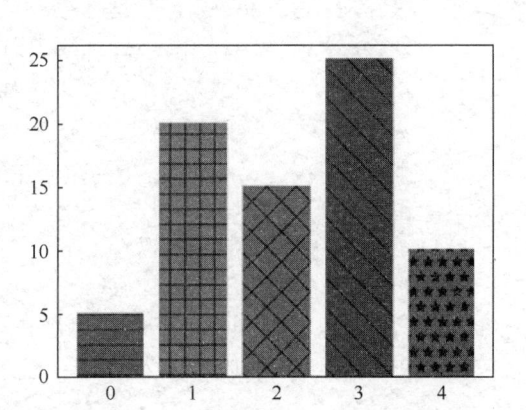

图 3-13　给不同的柱设置不同样式

【例 3-9】绘制堆叠柱状图。

通过 bottom 参数，可以绘制堆叠柱状图。具体程序如下：

```
import numpy as np
import matplotlib.pyplot as plt

size = 5
x = np.arange(size)
a = np.random.random(size)
b = np.random.random(size)
```

```
plt.bar(x, a, label='a')
plt.bar(x, b, bottom=a, label='b')
plt.legend()
plt.show()
```

bottom 参数的设置也是在函数 bar()中进行的，它将每一个柱分为上下两段生成，并且自动设置为不同的颜色，当然这些颜色也可以以前面例子中的方法进行单独设置。程序运行结果如图 3-14 所示。

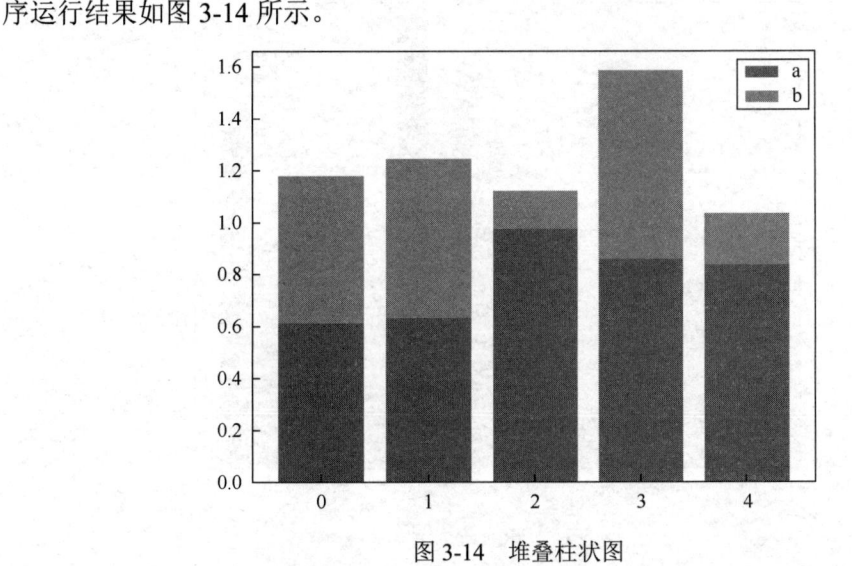

图 3-14　堆叠柱状图

绘制并列柱状图与堆叠柱状图类似，都是绘制多组柱体，只需要控制好每组柱体的位置和大小即可。

【例 3-10】绘制并列柱状图。

需要几个柱状并列在一起，就写几个 bar()函数，并且给好对应的 x 的位置即可。具体程序如下：

```
import numpy as np
import matplotlib.pyplot as plt

size = 5
x = np.arange(size)
a = np.random.random(size)
b = np.random.random(size)
c = np.random.random(size)

total_width, n = 0.8, 3
width = total_width / n
x = x - (total_width - width) / 2
```

```
plt.bar(x, a, width=width, label='a')
plt.bar(x + width, b, width=width, label='b')
plt.bar(x + 2 * width, c, width=width, label='c')
plt.legend()
plt.show()
```

程序运行结果如图 3-15 所示。

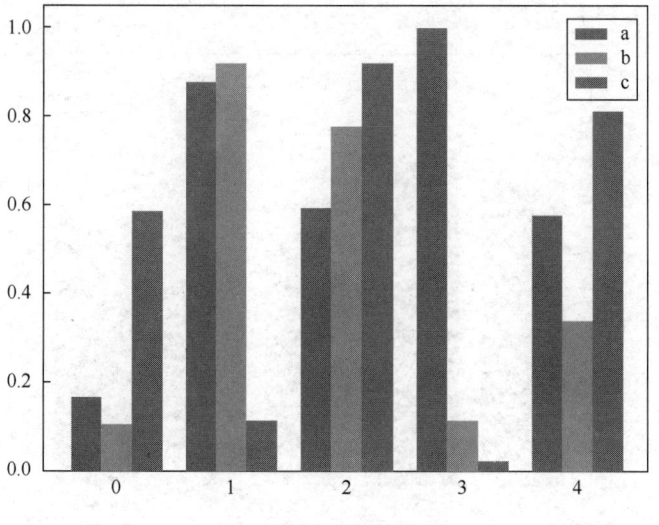

图 3-15　并列柱状图

3.3 绘制条形图

3.3.1 常用函数

如前所述，条形图与柱状图没有太多的区别，并且二者的画法也基本一致，可以用 barh() 函数来实现，也可以用 bar() 函数来实现。bar() 与 barh() 的详细说明如表 3-1 所示。

表 3-1　bar() 和 barh() 函数说明

参数		类型	说明
bar()	barh()		
x	y	序列	垂直/水平柱状图对应的横坐标/纵坐标序列
height	vidth	序列	柱形的高度/长度，也就是垂直/水平柱状图对应的纵坐标/横坐标序列
width	height	int,float,序列	条形的宽度，值为 int 和 float 时表示所有条形宽度统一设置为该值，值为序列时表示每个条形宽度设置为序列中对应的值

参数		类型	说明
bar()	barh()		
bottom	\	int,float,序列	只有 bar()函数有这个参数,表示条形底部起始位置的纵坐标,默认为 0。通常在绘制堆叠柱状图时需要使用
align	align	{'center', 'edge'}	条形与底部坐标的对齐方式,为可选参数,默认为 center
color	color	字符串,序列	条形的填充色,值为字符串时表示所有条形统一设置为指定颜色,值为序列时表示每个条形分别设置为序列中对应的颜色
edgecolor	edgecolor	字符串,序列	条形的边框颜色,值为字符串时表示所有条形边框统一设置为指定颜色,值为序列时表示每个条形边框分别设置为序列中对应的颜色
alpha	alpha	float	透明度
linewidth	linewidth	int,float,序列	条形的边框宽度,值为 0 时表示不显示边框
tick_label	tick_label	字符串,序列	条形的标签,默认为 None,表示使用默认的数值型标签
xerr, yerr	xerr, yerr	int,float,序列	误差线
ecolor	ecolor	字符串,序列	误差线的颜色
capsize	capsize	int,float	误差线两端线段的长度
label	label	字符串	整个条形图的标签,调用 legend()时的图例

用 bar()实现时只需要在函数中加上一个参数 orientation 并令其值为 horizont 就可以了。所以下面两种写法都可以用于绘制条形图,本节主要展示 barh()的用法。

```
plt.bar(left=0, bottom=index, width=y, height=0.5, color='red', orientation='horizontal')
```

或者:

```
plt.barh(left=0, bottom=index, width=y, height=0.5,color='red')
```

3.3.2　用法举例

本节实例都是条形图的属性用法说明。

【例 3-11】绘制简单条形图。

基本条形图与柱状图差别不大,将例 3-10 中的程序稍加改动就是条形图的绘制方法,其他柱状图的例子也都可以通过简单修改变为条形图。具体程序如下:

```
import numpy as np
import matplotlib.pyplot as plt

size = 5
x = np.arange(size)
a = np.random.random(size)
b = np.random.random(size)
c = np.random.random(size)
```

```
total_width, n = 0.8, 3
width = total_width / n
x = x - (total_width - width) / 2
# 在此将原 bar()中的参数 width 相应改为 height
plt.barh(x, a, height=width, label='a')
plt.barh(x + width, b, height=width, label='b')
plt.barh(x + 2 * width, c, height=width, label='c')

plt.legend()
plt.show()
```

程序运行结果如图 3-16 所示。

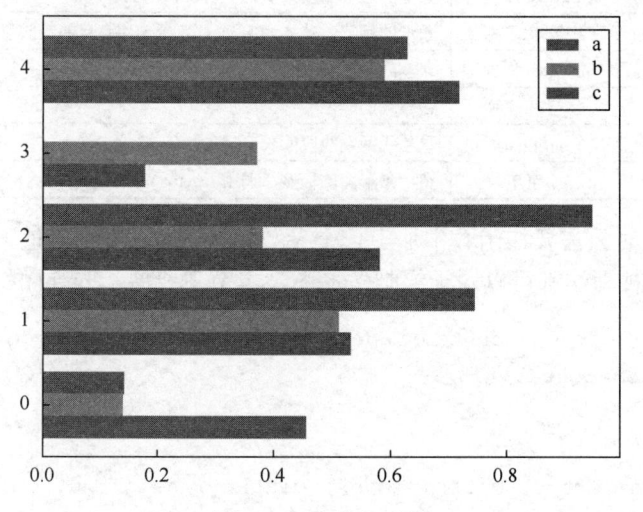

图 3-16　简单条形图

　　柱状图和条形图基本可以互通使用，也可以利用 barh()函数轻松实现堆叠条形图，其他与柱状图同类型的条形图都是这样的原理。

【例 3-12】绘制堆叠条形图。

　　先生成 5 个随机数组成的值，然后将这 5 个图形堆叠在一起，并用 barh()函数生成横向的条形图。具体程序如下：

```
import numpy as np
import matplotlib.pyplot as plt

y1=np.linspace(50.0,100.0,25)
y2=np.linspace(10.0,25.0,25)
y3=np.linspace(25.0,55.0,25)
y4=np.linspace(10.0,20.0,25)
```

```
y5=np.linspace(45.0,70.0,25)
labels = ['Type-A', 'Type-B', 'Type-C', 'Type-D', 'Type-E', 'Type-F',
'Type-H', 'Type-I', 'Type-J', 'Type-K', 'Type-L', 'Type-M', 'Type-N',
'Type-O', 'Type-P', 'Type-Q', 'Type-R', 'Type-S', 'Type-T', 'Type-U',
'Type-V', 'Type-W', 'Type-X', 'Type-Y', 'Type-Z']
```

```
plt.barh(labels, y1, color='green', label='Incorrect label')
plt.barh(labels, y2, left=y1, color='red', label='Occlusion')
plt.barh(labels, y3, left=y1+y2, color='blue', label= 'O_mislocalization')
plt.barh(labels, y4, left=y1+y2+y3, color='yellow', label= 'H_mislocalization')
plt.barh(labels, y5, left=y1+y2+y3+y4, color='black', label= 'Background')
```

```
plt.title("Error Analysis")                      # 图片标题
plt.xlabel("Percent")                            # x 轴标题
plt.legend(loc='best')                           # 图例的显示位置设置
plt.savefig("Error Analysis.png", bbox_inches='tight')     # 保存图片命
```
令一定要放在 plt.show() 前面
```
plt.show()
```

程序运行结果如图 3-17 所示。

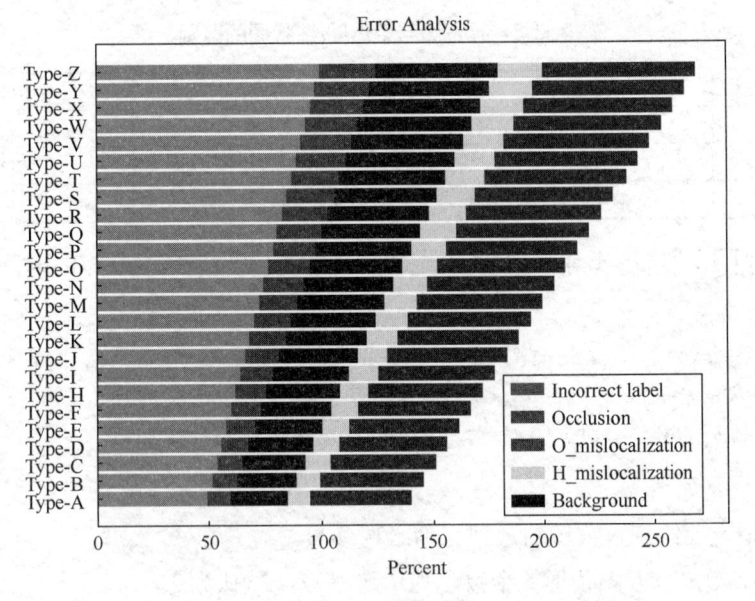

图 3-17　堆叠条形图

3.4 绘制直方图

3.4.1 常用函数

直方图可以用于表示分布情况，通过图形的形状，就可以快速判断出数据是否近似服从正态分布。关心数据的分布，是因为在统计学中，很多假设条件都会服从正态分布，故使用直方图来定性地判定数据的分布情况，尤其显得重要。还可以通过直方图观察和估计哪些数据比较集中，异常或者孤立的数据分布在何处。

直方图是一种统计报告图，形式上也是一个个的长条形，但是直方图用长条形的面积表示频数，所以长条形的高度表示频数，宽度表示组距，其长度和宽度均有意义。当宽度相同时，一般就用长条形的长度表示频数。

直方图一般用来描述等距数据，柱状图一般用来描述名称（类别）数据或顺序数据。直观上，直方图各个长条形是衔接在一起的，表示数据间的数学关系；条形图各长条形之间留有空隙，区分不同的类。

表 3-2 显示了直方图与条形图/柱状图的区别。

表 3-2　直方图与条形图/柱状图的区别

区别	频数分布直方图	条形图/柱状图
横轴上的数据	连续的，是一个范围	孤立的，代表一个类别
长条形之间	没有空隙	有空隙
频数的表示	一般用长条形面积表示；当宽度相同时，用长度表示	长条形的长度

在 matplotlib 中，生成直方图的函数为 hist()，该函数中包含了多个参数，函数原形为：

```
plt.hist(x, bins=10, range=None, density=False, weights=None,
cumulative=False, bottom=None, histtype='bar', align='mid', orientation=
'vertical', rwidth=None, log=False, color=None, label=None, stacked=False)
```

参数的含义如下：

- x：指定要绘制直方图的数据，为必选参数。
- bins：指定直方图条形的个数，为可选参数，默认为 10。
- range：指定直方图数据的上下界，默认包含绘图数据的最大值和最小值。
- density：是否将直方图的频数转换成频率，为可选参数，默认为 0，代表不归一化，显示频数，density =1 表示归一化，显示频率。在旧的版本中该参数名为 normed。

- weights：该参数可为每一个数据点设置权重。
- cumulative：是否需要计算累计频数或频率。
- bottom：可以为直方图的每个条形添加基准线，默认为 0。
- histtype：指定直方图的类型，默认为 bar，还可以设置为 barstacked、step 或 stepfilled。
- align：设置条形边界值的对齐方式，默认为 mid，还可以设置为 left 和 right。
- orientation：设置直方图的摆放方向，默认为垂直方向。
- rwidth：设置直方图条形宽度的百分比。
- log：是否需要对绘图数据进行 log 变换。
- color：设置直方图的填充色。
- label：设置直方图的标签，可通过 legend 展示其图例。
- stacked：当有多个数据时，是否需要将直方图堆叠摆放，默认水平摆放。

3.4.2 用法举例

本节每一个实例都是直方图的属性用法说明。

【例 3-13】绘制直方图。

随机生成一些正态分布数据，绘制其直方图。具体程序如下：

```python
import matplotlib.pyplot as plt
import numpy as np
import matplotlib

# 设置 matplotlib 正常显示中文和负号
matplotlib.rcParams['font.sans-serif']=['SimHei']    # 用黑体显示中文
matplotlib.rcParams['axes.unicode_minus']=False        # 正常显示负号
# 随机生成服从正态分布的数据
data = np.random.randn(10000)

plt.hist(data, bins=40, density=False, facecolor="blue", edgecolor="black", alpha=0.7)
# 显示横轴标签
plt.xlabel("区间")
# 显示纵轴标签
plt.ylabel("频数")
# 显示图标题
plt.title("频数分布直方图")
plt.show()
```

程序运行结果如图 3-18 所示。

与柱状图和条形图相比，直方图还有一个特色，就是可以进行曲线拟合。将每个柱进行连接，hist()函数的第一个返回值是统计各个区间的频数，所以我们有了点坐标，使用 plot 函数即可，将例 3-13 中的程序略加改动便可实现。

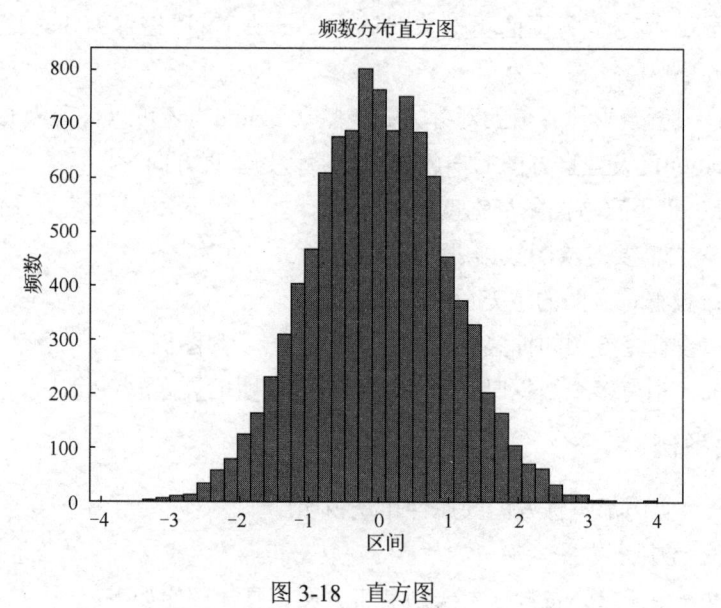

图 3-18　直方图

【例 3-14】绘制直方图并生成拟合曲线。
具体程序如下：

```python
import matplotlib.pyplot as plt
import numpy as np
import matplotlib

# 设置matplotlib 正常显示中文和负号
matplotlib.rcParams['font.sans-serif']=['SimHei']    # 用黑体显示中文
matplotlib.rcParams['axes.unicode_minus']=False       # 正常显示负号
# 随机生成服从正态分布的数据
data = np.random.randn(10000)
print(data)
# hist()函数是有返回值的
frequency_each,_,_=plt.hist(data, bins=40, density=False, facecolor=
"blue", edgecolor="black", alpha=0.7)
# 显示横轴标签
plt.xlabel("区间")
# 显示纵轴标签
plt.ylabel("频数")
```

```
# 显示图标题
plt.title("频数分布直方图")
x=[i for i in np.arange(-4,4,0.2)]        # 将每个柱的横坐标计算出来
plt.plot(x,frequency_each)                # 画折线图进行拟合
plt.show()
```

程序中将每个柱的横坐标计算出来，然后将其作为折线的横坐标，画出折线图进行拟合。程序运行结果如图 3-19 所示。

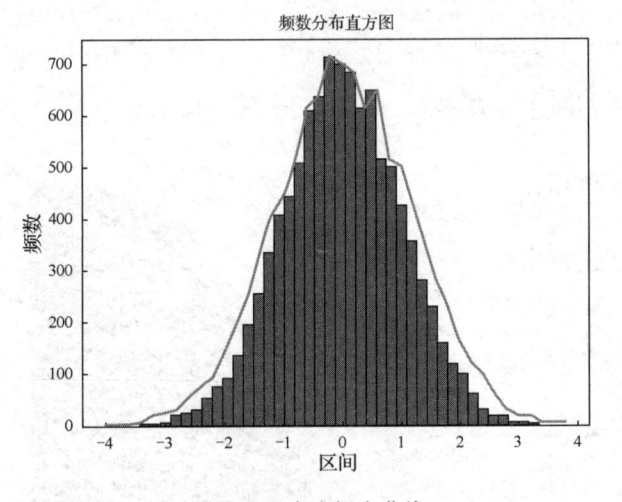

图 3-19　生成拟合曲线

也可以将直方图绘制为累积直方图，直接用 hist()函数中的 cumulative 参数便可实现。累积和累计的含义容易混淆，可以根据表 3-3 进行区分。

表 3-3　累计和累积的区别

数据	累计	累积
1	1	1
2	2	3
3	3	6
4	4	10
5	5	15
6	6	21
7	7	28
8	8	36
9	9	45
10	10	55
	55	

cumulative 参数是布尔值，默认为 False，下面通过代码来看一下参数设置不同都有怎样的结果。

如果将例 3-14 中的代码：

```
frequency_each,_,_=plt.hist(data, bins=40, density=False, facecolor=
"blue", edgecolor="black", alpha=0.7)
```

改为：

```
frequency_each,_,_=plt.hist(data, bins=40, density=False, facecolor=
"blue", edgecolor="black", alpha=0.7, cumulative=True)
```

则程序的运行结果如图 3-20 所示。

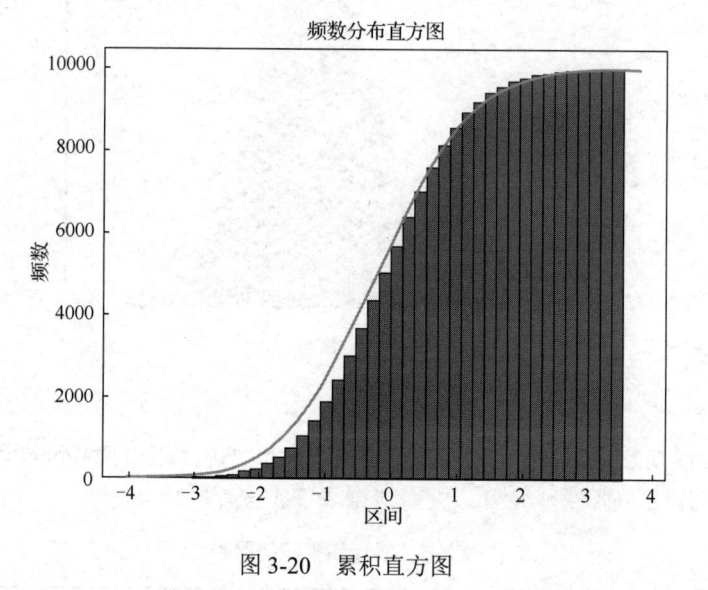

图 3-20　累积直方图

◀ 拓展项目 ▶

题目：根据图 3-21 所示的 csv 数据文件，实现如图 3-22 所示的直方图。

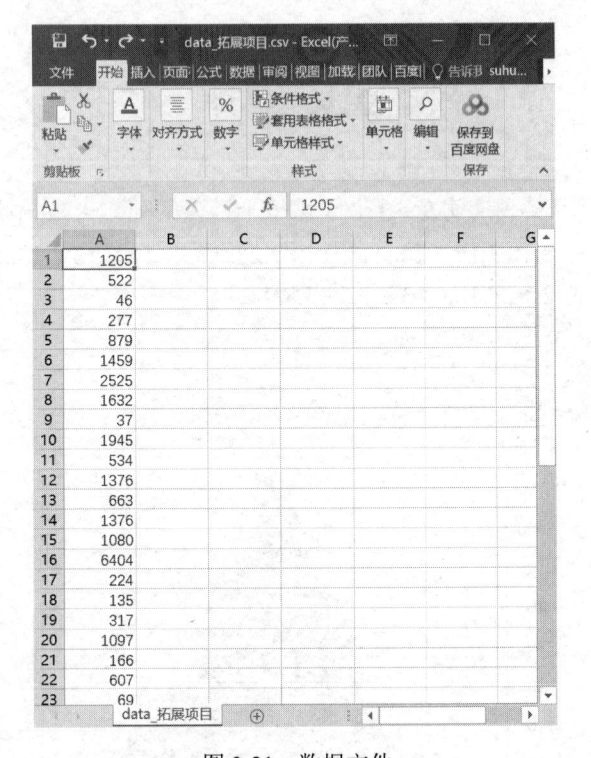

图 3-21　数据文件

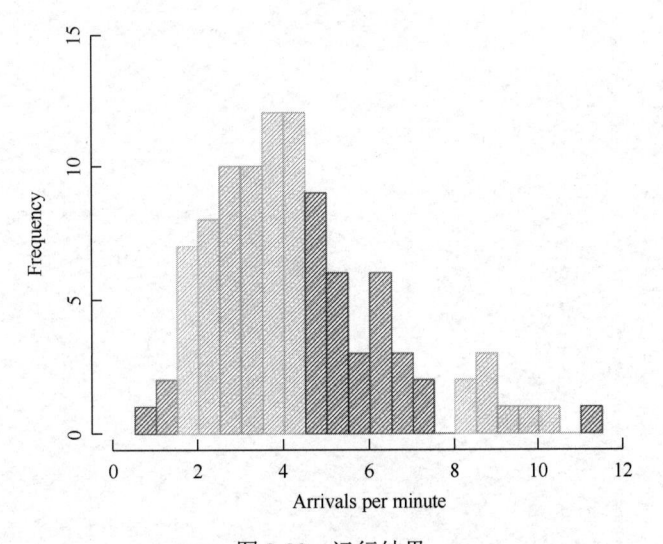

图 3-22　运行结果

课后练习

1. 有调查显示，某种疾病在 30 个国家每十万人的死亡人数统计如下：

27.0,28.9,28.9,34.8,18.8,15.7,28.9,13.2,13.2,28.9,34.8,28.9,13.2,13.2,5.6,8.7,13.2,7.1,
13.2,16.5,13.2,19.2,13.2,15.7,10.0,13.2,1.5,33.8,9.2

1）请统计每个数字出现的次数。

2）绘制柱状图。

2. 绘制正态分布的直方图，效果如图 3-23 所示。

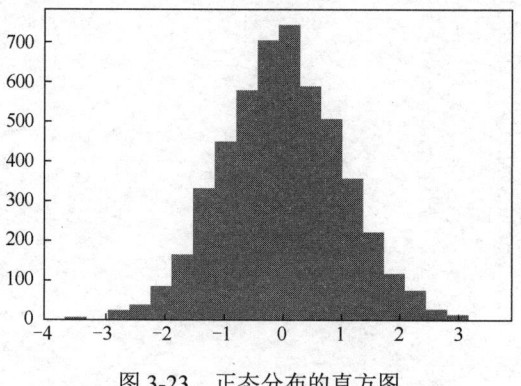

图 3-23　正态分布的直方图

醉汉随机行走问题

▶ 项目背景

　　自然界的很多现象都可以总结出规律，然后用算法来进行模拟实现，如遗传算法、蚁群算法、人工神经网络等。但是世界上也有很多问题到目前为止还没有发现规律，看上去还是随机发生的，或者至少目前人类还没掌握这类事件的规律，如著名的醉汉行走轨迹问题，这一问题只能用随机漫步方法来解决；再如布朗运动、花粉扩散现象、股票或房价的涨跌等。

▶ 学习目标

※知识目标

- 掌握散点图的基本概念。
- 掌握散点图函数参数的含义。
- 理解气泡图与散点图的关系。

※能力目标

- 能够熟练运用 scatter()函数。
- 能够绘制散点图。
- 能够根据需要改变参数值。

※素质目标

- 规范化编码。
- 书写文档或注释。
- 研究精神。

◆ **项目实现** ◆

◆▷【项目描述】◁

本项目是著名的醉汉行走路线问题,即在一个 XY 坐标的二维地图中,模拟一个醉汉走路的轨迹。对于不同的语言,该问题都有相应的代码实现。它是假设某个地方有一个醉汉,每次行走都是完全随机的,没有明确的方向,结果是由一系列随机决策决定的。他每一秒钟会朝随机的一个方向走一步,那么这个醉汉在走了 500 步之后会在哪个地方出现,走 1000 步之后他走过的地点有哪些呢?是不是随着时间的增长,醉汉离原点越来越远呢?这个问题看似很随机,无法解决,但是如果用计算机程序来模拟,那么就可以很容易地把醉汉行走的轨迹用散点图可视化出来,并且可以给出醉汉与原点之间的距离。

该项目主要用到了与 Python 相关的 matplotlib 模块。

本项目要实现的功能包括:

1)计算醉汉随机走一步之后的坐标;

2)绘制醉汉行走的轨迹散点图。

本项目的任务是随机生成醉汉行走的位置点,然后将这些点以散点图的形式绘制出来,并将这些产生的位置点用由浅入深的颜色显示出来,同时高亮显示他的起点和终点位置。

项目结果如图 4-1 所示。需要说明的是,由于位置是随机生成的,所以每次运行程序所生成的图形都是不同的。

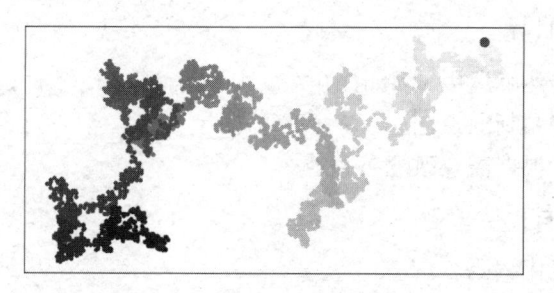

图 4-1 随机行走的轨迹图

◆▷【项目分析】◁

本项目通过生成随机数作为醉汉的坐标值,再调用 matplotlib 模块将这些坐标点形成图形,算法思想并不复杂,主要是通过经典的醉汉行走路线问题使读者掌握散点图的相关概念。

1．图形概念

散点图（scatter diagram）是数据点在直角坐标系中的平面图，表示因变量随自变量而变化的大致趋势，据此可以选择合适的函数对数据点进行拟合。

注 意

　散点还是唐代的一种织锦方法，俗称散点小花锦。散点是唐代丝织图案具有代表性的组织，无论是菱形、圆形均互相独立存在，具有对比的美感。

2．图形元素分析

由图 4-1 可以看出，散点图主要由一些点构成，在这个图中没有显示横纵坐标，主要是为了使图形美观。当然也可以根据需求加上横纵坐标。

3．技术分析

在散点图中，主要就是确定这些点的横纵坐标，然后将点以色彩显示出来，因此确定点的坐标是绘制散点图要解决的主要问题。

◆▷【项目实操】

1．文件目录

本项目的程序与前面的项目不同，一共由两个.py 文件组成，其中 walkData.py 是生成随机数据的文件，在此作为另一个文件 walkScatter.py 的自定义模块使用。在 walkScatter.py 中将调用 walkData.py 中定义的数据和函数。这两个程序放在同一路径下，具体如图 4-2 所示。

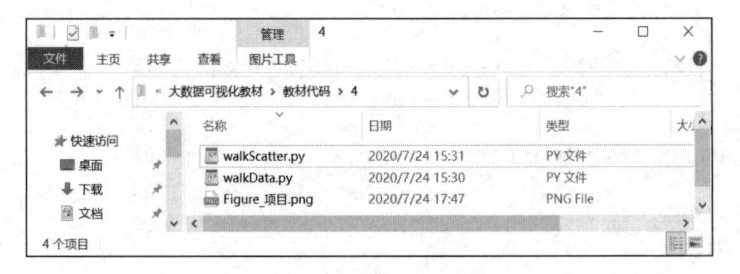

图 4-2　程序目录

2．运行程序

运行程序时先运行 walkData.py，运行后程序通过但并无结果打印出来，然后再运行 walkScatter.py，便显示出绘制的散点图，如图 4-1 所示。walkData.py 的具体程序如下：

```python
# walkData.py
from random import choice
# -*- coding: utf-8 -*-
class RandomWalk():
    # 一个生成随机行走数据的类

    def __init__(self,num_points=5000):
        self.num_points=num_points
        self.x_values=[0]
        self.y_values=[0]

    def fill_walk(self):
        # 计算随机行走包含的所有点

        while len(self.x_values)<self.num_points:
            # 决定前进方向以及沿这个方向前进的距离
            x_direction=choice([-1,1])
            x_distance=choice([0,1,2,3,4])
            x_step=x_direction*x_distance

            y_direction=choice([-1,1])
            y_distance=choice([0,1,2,3,4])
            y_step=y_direction*y_distance

            # 拒绝原地踏步
            if x_step==0 and y_step==0:
                continue

            # 计算下一个点的 x 和 y 值
            next_x=self.x_values[-1]+x_step
            next_y=self.y_values[-1]+y_step

            self.x_values.append(next_x)
            self.y_values.append(next_y)
```

walkScatter.py 的具体程序如下：

```python
# walkScatter.py
# coding=gbk
import matplotlib.pyplot as plt
from walkData import RandomWalk

while True:
    rw=RandomWalk()
    rw.fill_walk()
```

```
# 设置绘图窗口的尺寸
plt.figure(dpi=128,figsize=(10,6))

point_numbers=list(range(rw.num_points))
plt.scatter(rw.x_values,rw.y_values,c=point_numbers,
cmap=plt.cm.Blues,s=15)

# 突出显示起点和终点
plt.scatter(0,0,c='green',s=100)
plt.scatter(rw.x_values[-1],rw.y_values[-1],c='red',s=100)

# 隐藏坐标轴
plt.axes().get_xaxis().set_visible(False)
plt.axes().get_yaxis().set_visible(False)

plt.show()

keep_running=input("Make another walk?(y/n):")
if keep_running=='n':
    break
```

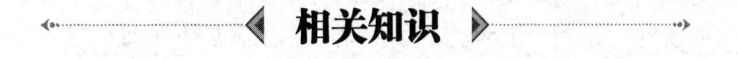

◀ 相关知识 ▶

⚠ 4.1 散点图基本概念

1. 基本概念

散点图应用在数理统计回归分析中，其将序列显示为一组点，这些点是用两组数据构成的在直角坐标系平面上分布的多个坐标点，用于判断两变量之间是否存在某种关联或总结坐标点的分布模式。数据点的值由点在图表中的位置表示，类别由图表中的不同标记或颜色表示。

散点图可以很直观地查看两组数据之间的关系，另外还可以显示数据的分布情况。它能反映两组变量中每个数据点的值，并且从散点图中可以看出它们之间的相关性。

对任何一种图来说，数据都很重要，要绘制散点图，需要先将数据读取进来，然后根据需求进行处理并且绘制在图中。

散点图表示因变量随自变量而变化的大致趋势，由此趋势可以选择合适的函数进行经验分布的拟合，进而找到变量之间的函数关系。

2. 散点图的作用

散点图是质量管理的重要工具、回归分析的法宝、数据统计的方法，其用处如下：

- 数据用图表来展示，显然比较直观，在工作汇报等场合能起到事半功倍的效果，让听者更容易接受。
- 散点图更偏向于研究型图表，能发现变量之间隐藏的关系，为决策做出重要的引导。
- 散点图核心的价值在于发现变量之间的关系，千万不要简单地将这个关系理解为线性回归关系。变量间的关系有很多，如线性关系、指数关系、对数关系等，当然，没有关系也是一种重要的关系。
- 散点图经过回归分析之后，可以对相关对象进行预测分析，进而做出科学的决策，而不是模棱两可。比如说医学里的白细胞散点图可以在医学检测方面为我们的健康提供精确的分析，为医生后续的判断做出重要的技术支持。

3. 散点图的基本构成要素

散点图的主要构成元素有数据源、横纵坐标轴、变量名和研究的对象。基本的要素就是点，也就是我们统计的数据，由这些点的分布我们才能观察出变量之间的关系。

散点图一般研究的是两个变量之间的关系，往往满足不了我们日常的需求。散点图更进一步的图形是气泡图，气泡图为散点图增加了变量，提供了更加丰富的信息，点的大小或者颜色可以定义为第三个变量，因为做出来的散点图类似气泡，也由此得名为气泡图。本节也将介绍此类图形。

4. 散点图的绘制

绘制散点图的方法有多种，可以使用类似 Excel 这样的软件进行绘制，也可以使用 Python 语言进行绘制。使用软件绘制比较方便，不需要掌握编程语言，但是绘制方式比较死板，只能使用软件提供的工具。而使用 Python 语言进行绘制则更加灵活，可以根据需求绘制各种图形。

4.2 绘制散点图

散点图显示两组数据的值，数据的可视化工作其实是由一组不由线条连接的点完成的。每个点的坐标位置由变量的值决定，一个是自变量，另一个是因变量，因变量通常绘制在 y 轴上。

散点图的绘制风格有多种，但是在 matplotlib 中所使用的函数原型就一种。本节介绍绘制散点图的函数并给出各种不同类型的散点图风格。

4.2.1 常用函数

从大的分类上说，散点图可以画成二维散点图，也可以制作复杂的三维散点图。而二维或三维图又根据绘图风格不同，分为不同的小类。

二维散点图的函数原型是：

```
matplotlib.pyplot.scatter(x, y, s=None, c=None, marker=None, cmap=
None, norm=None, vmin=None, vmax=None, alpha=None, linewidths=None, verts=
None, edgecolors=None, hold=None, data=None, **kwargs)
```

scatter()函数就是 matplotlib.pyplot 模块中绘制散点图的函数，调用该函数之前需要先引入 matplotlib.pyplot 模块。scatter()的参数很多，常用参数的含义如下：

- x, y 对应了平面点的位置。
- s 用来控制点的大小。
- c 是对应颜色指示值，默认为蓝色'b'。特别的是，如果采用渐变色，只需要设置 c=x 就能使得点的颜色根据点的 x 值变化。
- cmap 调整渐变色或者颜色列表的种类，点的颜色设置也有各种方法，本节将给出一些参考。
- marker 用来控制点的形状，可用的点的形状多达 22 种，具体如下：

'.'	','	'o'	'v'	'^'
'<'	'>'	'1'	'2'	'3'
'4'	's'	'p'	'h'	'*'
'H'	'+'	'x'	'D'	'd'
'|'	'_'			

- 如果 marker 为 None，则使用 verts 的值构建散点标记。
- alpha 控制点的透明度，可以根据数据量的大小不同设置不同的透明度，使数据的分类效果更明显。
- linewidths 为散点边缘的线宽。
- edgecolors 为散点边缘颜色。
- cmap 为 colormap。
- norm 为数据亮度，标准化为 0～1 之间，使用该参数还需要 c 为浮点型的数组。
- vmin、vmax 和 norm 配合使用用来归一化亮度数据，这些与数据亮度有关。

总结一下前面的概念，其实散点图就是用两组数据构成多个坐标点，考察坐标点的分布，判断两个变量之间是否存在某种关联或总结坐标点的分布模式。

散点图的特点是判断变量之间是否存在数量关联趋势，展示离群点（分布规律）。

4.2.2 应用举例

在最基本的散点图中，默认用圆形的点来表示坐标点。

【例 4-1】绘制基本散点图。

由 numpy 生成 10 个随机点，这 10 个点的横坐标和纵坐标都是随机生成的，然后由 scatter()函数把这些点显示在图中。具体程序如下：

```python
import matplotlib
import matplotlib.pyplot as plt
import numpy as np

# 显示 10 个散点
N = 10
#随机生成 10 个点
x = np.random.rand(N)
y = np.random.rand(N)

plt.scatter(x, y)
plt.show()
```

例 4-1 实操

在这个程序中，scatter()函数只给了两个最基本参数的值，即 x 和 y 轴的坐标，其他参数均采用默认值。程序运行结果如图 4-3 所示，可以看出在图中一共显示了 10 个散落的坐标点，所以这就是名副其实的散点图。

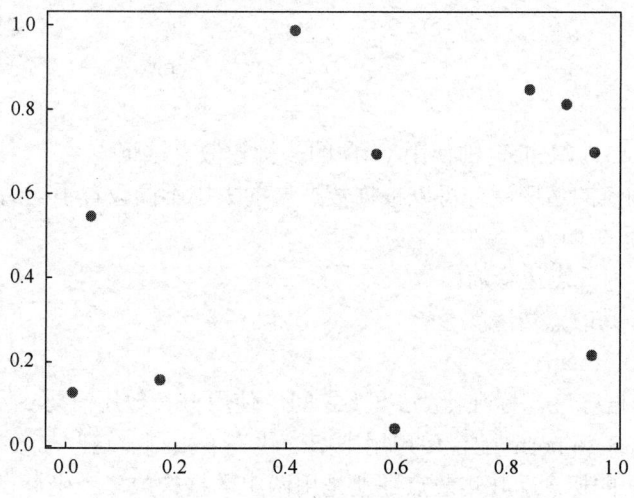

图 4-3　简单散点图

这些散落的坐标点根据需要，有的时候会显示较大或较小的形状，便于观察，这就需要用到参数中的 s 值。可以通过给定 s 的值，改变坐标点图形的大小。

【例 4-2】更改散点的大小。

可以将 scatter()中的参数 s 设定为固定值，或者将 s 设置为一组随机值。具体程序如下：

```
import matplotlib
import matplotlib.pyplot as plt
import numpy as np

N = 10
x = np.random.rand(N)
y = np.random.rand(N)

# 每个点的大小为一个固定值
s1=100
# 每个点使用随机大小，它的值由numpy.random随机生成
s2 = (30*np.random.rand(N))**2
plt.subplot(121)
plt.scatter(x, y, s=s1)
plt.subplot(122)
plt.scatter(x, y, s=s2)
plt.show()
```

例 4-2 实操

在上面的程序中要注意，当 s 是一组随机值时，它的维度必须和(x,y)的维度相同，否则程序就会因为无法匹配相应的值而报错。程序运行结果如图 4-4 所示。

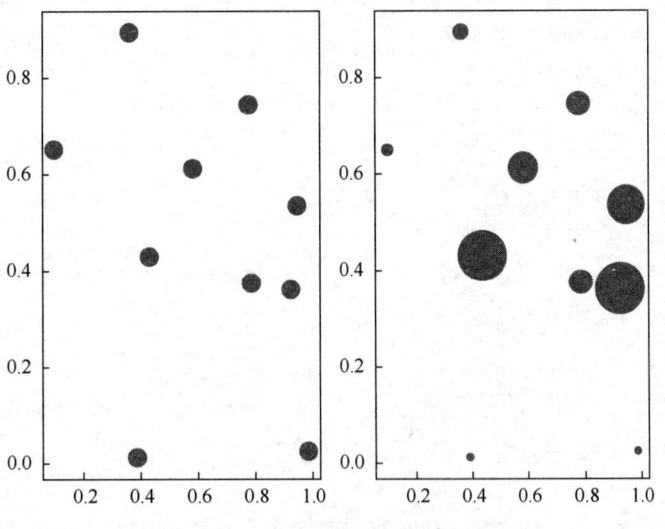

图 4-4　更改散点的大小

在上面的程序中，将两个图作为子图放在了同一个 figure 中，方便观察和比较。下面介绍一下子图的有关问题。

> **注意**
>
> matplotlib 可以把很多张图画到同一个 figure 中，这在做对比分析的时候非常有用。

生成子图的函数有 matplotlib.pyplot.subplot()、matplotlib.pyplot.figure.add_subplot() 和 matplotlib.pyplot.subplots()，下面分别进行介绍。

1. 使用 matplotlib.pyplot.subplot()

subplot()的参数可以是一个三位数字（如 111），也可以是一个数组（如[1,1,1]），其中 3 个数字分别代表子图总行数、子图总列数和子图位置。

例如，subplot(221)中的 221 表示把整个 figure 分为 2 行 2 列，并且当前这个子图位于 2 行 2 列中的第 1 个位置。

【例 4-3】 利用 subplot()生成子图。

生成 2 行 2 列的子图，只需要在每次绘制图形前指定子图的位置就可以了。具体程序如下：

```
import numpy as np
import pandas as pd
import matplotlib.pyplot as plt

# 绘制第 1 个图：折线图
x=np.arange(1,100)
plt.subplot(221)
plt.plot(x,x**3)

# 绘制第 2 个图：散点图
plt.subplot(222)
plt.scatter(np.random.rand(10), np.random.rand(10))

# 绘制第 3 个图：散点图
plt.subplot(223)
plt.scatter(x=[15,30,45,10],y=[0,0.05,0,0])

# 绘制第 4 个图：条形图
plt.subplot(224)
plt.bar([20,10,30,25,15],[25,15,35,30,20],color='r')
plt.show()
```

例 4-3 实操

plt.subplot()就是用来指定所绘制图形在子图中的具体位置。程序的运行结果如图 4-5 所示。

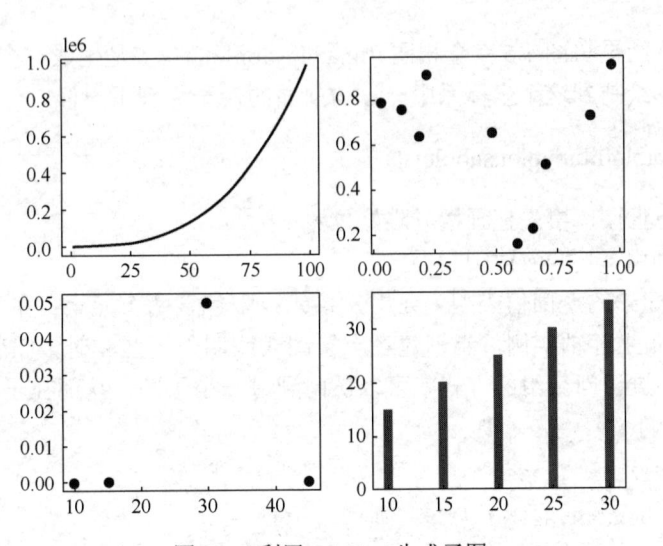

图 4-5　利用 subplot()生成子图

2.　使用 matplotlib.pyplot.figure.add_subplot()

使用这个方法同样也可以生成如图 4-5 所示的图形布局。

【例 4-4】利用 add_subplot()生成子图。

只需要将上面的程序略作改动就可以了，具体程序如下：

```python
import numpy as np
import pandas as pd
import matplotlib.pyplot as plt

fig=plt.figure()
# 绘制第 1 个图：折线图
x=np.arange(1,100)
ax1=fig.add_subplot(221)
ax1.plot(x,x**3)

# 绘制第 2 个图：散点图
ax2=fig.add_subplot(222)
ax2.scatter(np.random.rand(10), np.random.rand(10))

# 绘制第 3 个图：散点图
ax3=fig.add_subplot(223)
ax3.scatter(x=[15,30,45,10],y=[0,0.05,0,0])

# 绘制第 4 个图：条形图
ax4=fig.add_subplot(224)
ax4.bar([20,10,30,25,15],[25,15,35,30,20],color='r')
plt.show()
```

程序的运行结果与图 4-5 完全相同。fig.add_subplot()其实是生成一个新的坐标系 ax，并将相应的图形绘制到这个坐标系中，这与前面的例子原理不一样。

3. 使用 matplotlib.pyplot.subplots()

这个方法更直接，事先把画板分隔好位置。

【例 4-5】利用 subplots()生成子图。

函数 subplots()的返回值类型为元组，该元组中包含两个元素：第一个为一个画布 figure，第二个是坐标轴实例，当创建多个子图（或叫作子区）时，它就是一个坐标轴实例的数组，通过访问数组的方式就可以访问到每一个子图，从而在子图中绘图。

具体程序如下：

```python
import numpy as np
import pandas as pd
import matplotlib.pyplot as plt

fig,subs=plt.subplots(2,2)
print(subs)#打印出 subs 的值进行观察
# 绘制第 1 个图：折线图
x=np.arange(1,100)
subs[0][0].plot(x,x**3)

# 绘制第 2 个图：散点图
subs[0][1].scatter(np.random.rand(10), np.random.rand(10))

# 绘制第 3 个图：饼图
subs[1][0].scatter(x=[15,30,45,10],y=[0,0.05,0,0])

# 绘制第 4 个图：条形图
subs[1][1].bar([20,10,30,25,15],[25,15,35,30,20],color='r')
plt.show()
```

打印出 subs 的值进行观察会发现输出结果如下：

```
[[<matplotlib.axes._subplots.AxesSubplot object at 0x0000016D592D69E8>
  <matplotlib.axes._subplots.AxesSubplot object at 0x0000016D5A303BA8>]
 [<matplotlib.axes._subplots.AxesSubplot object at 0x0000016D5A33DDD8>
  <matplotlib.axes._subplots.AxesSubplot object at 0x0000016D5A380048>]]
```

可以看出 subs 是 matplotlib.axes._subplots.AxesSubplot 类型的，我们可以认为它是多个子图的矩阵，利用该矩阵指出具体子图的位置，并绘制多个图形。

程序的运行结果依然与图 4-5 完全一样。

但是有时候我们对 figure 画布的区域要进行不规则的划分，有的子图需要占用多个位置。例如，前面的两个子图占了 221 和 222 的位置，如果想在下面只放一个图，也就是说下面这个大图需要占用 subplot(223)和 subplot(224)两个子图的位置，所以需要把前两个当成一列，即大图放在 2 行 1 列第 2 个位置，对应的代码将变成 subplot(212)。

【例 4-6】利用 subplot() 生成跨区域子图。

具体程序如下：

```python
import numpy as np
import pandas as pd
import matplotlib.pyplot as plt

# 绘制第 1 个图：折线图
x=np.arange(1,100)
plt.subplot(221)
plt.plot(x,x**3)

# 绘制第 2 个图：散点图
plt.subplot(222)
plt.scatter(np.random.rand(10), np.random.rand(10))

# 绘制第 3 个图：饼图
plt.subplot(223)
plt.scatter(x=[15,30,45,10],y=[0,0.05,0,0])

# 绘制第 4 个图：条形图
# 前面的两个图占了 221 和 222 的位置，如果想在下面只放一个图，
# 就需要占用两个子图的位置，即 2 行 1 列第 2 个位置
plt.subplot(212)
plt.bar([20,10,30,25,15],[25,15,35,30,20],color='b')
plt.show()
```

程序的运行结果如图 4-6 所示，可以看到虽然代码中绘制了第 3 个子图，但是由于第 4 个子图占了两个位置，所以子图 3 并没有显示出来，而是被第 4 个子图覆盖掉了。

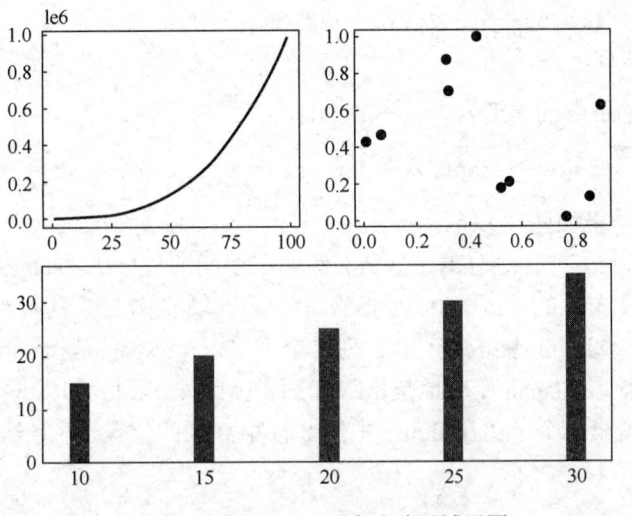

图 4-6　利用 subplots() 生成跨区域子图

当然，还可以生成更复杂的跨区域子图。可以使用 subplot2grid() 函数来生成不规则区域的子图。需要注意的是该函数生成的子图是从 0 开始计数的，这一点不同于 subplot() 或 subplots() 函数。

subplot2grid() 中的参数 colspan 和 rowspan 可以使子区跨越给定网格中的多个行和列。

【例 4-7】利用 subplot2grid() 生成跨区域子图。

具体程序如下：

```python
import matplotlib.pyplot as plt
import matplotlib
# 设置matplotlib 正常显示中文和负号
matplotlib.rcParams['font.sans-serif']=['SimHei']     # 用黑体显示中文
matplotlib.rcParams['axes.unicode_minus']=False       # 正常显示负号

plt.figure(0)
axes1 = plt.subplot2grid((3, 3), (0, 0), colspan=3)
axes2 = plt.subplot2grid((3, 3), (1, 0), colspan=2)
axes3 = plt.subplot2grid((3, 3), (1, 2))
axes4 = plt.subplot2grid((3, 3), (2, 0))
axes5 = plt.subplot2grid((3, 3), (2, 1), colspan=2)

# 设置刻度标签的字体大小
all_axes = plt.gcf().axes
for ax in all_axes:
    for ticklabel in ax.get_xticklabels() + ax.get_yticklabels():
        ticklabel.set_fontsize(10)

plt.suptitle("subplot2grid生成跨区域子图")
plt.show()
```

subplot2grid() 函数的原型为：

```python
plt.subplot2grid(shape, loc, rowspan=1, colspan=1, fig=None, **kwargs)
```

程序的运行结果如图 4-7 所示。

shape 是将 figure 整体划分的子区数，例如在上面的程序中，shape=(3,3)表示将整个 figure 区域划分成 3*3 的子区，loc 是指将 3*3 的区域看作 3*3 的数组，那么 loc=(1,2) 就是指该子图位于 figure 中第 1 行第 2 列这个子区。rowspan 是指 subplot2grid() 的子区在 figure 中跨几行，colspan 相应地是指跨几列。因此，axes1 = plt.subplot2grid((3, 3), (0, 0), colspan=3)是指第一个子图在 figure 中第 0 行第 0 列的位置，并且横跨 3 列，即图 4-7 中第一个子区。

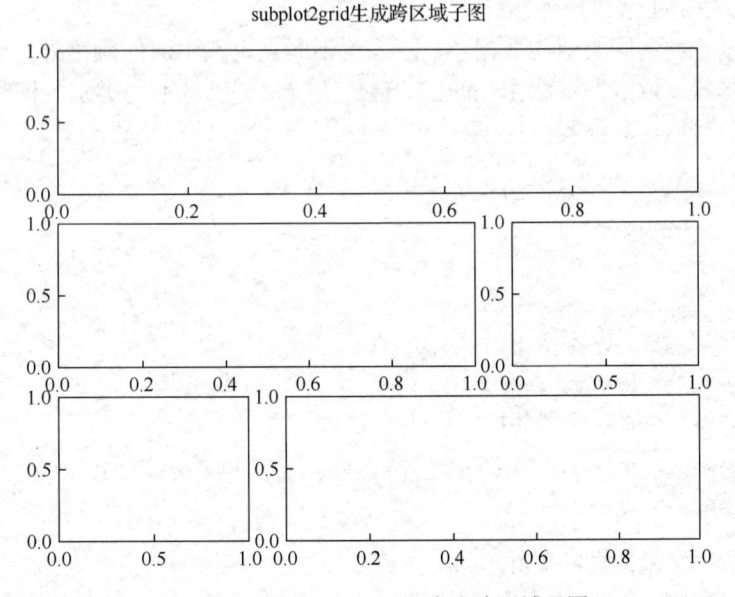

图 4-7 利用 subplot2grid()生成跨区域子图

当然，也可以使子区纵跨几行，这只需要设置 rowspan 的值就可以了。我们将这一程序留作练习题。

下面继续介绍与散点图有关的知识点。

【例 4-8】更改散点的颜色和透明度。

具体程序如下：

```
import matplotlib
import matplotlib.pyplot as plt
import numpy as np
N = 10
x = np.random.rand(N)
y = np.random.rand(N)
# 每个点随机大小
s = (30*np.random.rand(N))**2
# 随机颜色
c = np.random.rand(N)
# 设置透明度为 50%
plt.scatter(x, y, s=s, c=c, alpha=0.5)
plt.show()
```

在上面的程序中，各个散点采用渐变色，设置 c=x 使得散点的颜色根据点的 x 值变化，并且设置它的透明度为 50%，alpha 是在 0～1 之间的归一化值。程序的运行结果如图 4-8 所示。

【例 4-9】更改散点的形状。

为了区别各种不同类型的数据点，除了给不同点设置不同的颜色外，也会给不同的点设置不同形状。散点的形状由 marker 参数决定，可以将不同类别的散点给予不同的形状，以区分数据。具体程序如下：

```
import matplotlib.pyplot as plt
import numpy as np

N = 30
x = np.random.rand(N)
y = np.random.rand(N)
s = (40*np.random.rand(N))**2
c = np.random.rand(N)

plt.scatter(x, y, s=s, c=c, marker='3', alpha=0.9)
plt.show()
```

程序的运行结果如图 4-9 所示。

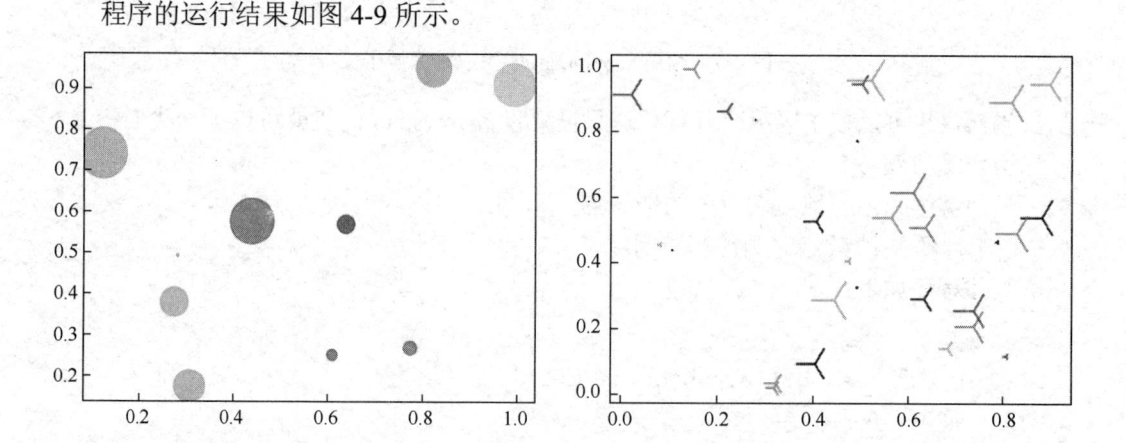

图 4-8 设置散点的颜色和透明度   图 4-9 更改散点的形状

也可以再添加多个 scatter()函数，在同一图中绘制不同形状的散点，这样可以更清楚地区分不同的数据类别。

【例 4-10】绘制形状不同的数据点。

在一张图上绘制两组数据的散点时，为了区分这两组点，可以使用不同的形状来绘制。具体程序如下：

```
import matplotlib.pyplot as plt
import numpy as np

N = 10
x = np.random.rand(N)
```

```
y = np.random.rand(N)
y1=np.random.rand(10)
# s = (30*np.random.rand(N))**2
c = np.random.rand(N)

plt.scatter(x, y, c=c, marker='^', alpha=0.9)
plt.scatter(x, y1, c=c, marker='+', alpha=0.9)
plt.show()
```

程序的运行结果如图 4-10 所示。

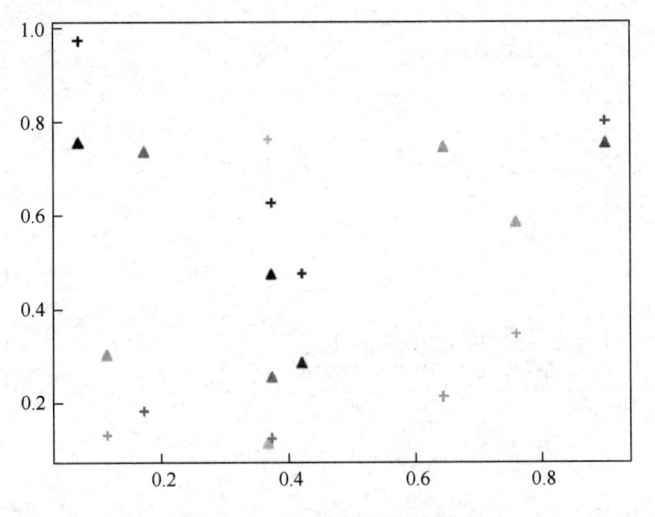

图 4-10　不同形状的两组散点

【例 4-11】为散点设置图例。

在上面的例子中，同一图中显示了两组数据，如果只用图来显示，读者并不能够明白两类数据分别代表什么，因此需要给它加上图例。具体程序如下：

```
import matplotlib.pyplot as plt
import numpy as np
import matplotlib

matplotlib.rcParams['font.sans-serif']=['SimHei']
matplotlib.rcParams['axes.unicode_minus']=False
# 10 个点
N = 10
x1 = np.random.rand(N)
y1 = np.random.rand(N)
x2 = np.random.rand(N)
y2 = np.random.rand(N)
plt.scatter(x1, y1, marker='s', label="老孙家不同位置 Wi-Fi 信号强度")
```

```
plt.scatter(x2, y2, marker='^', label="老张家不同位置 Wi-Fi 信号强度")
plt.legend(loc='best')
plt.show()
```

对不同家庭中不同位置的 Wi-Fi 信号强度用两组散点图分类显示,如果不加上图例,就很难看懂该图。可以在 scatter()函数中添加 label 参数,为生成 legend()图例准备好标签。程序的运行结果如图 4-11 所示。

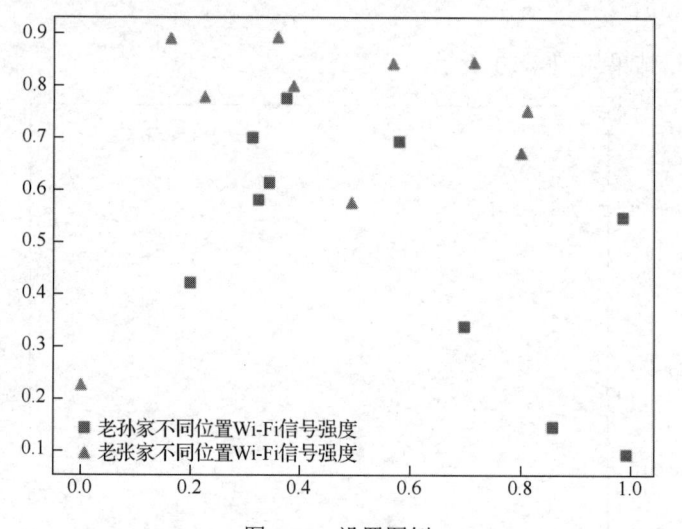

图 4-11　设置图例

scatter()函数中还有很多其他参数,如 edgecolors,顾名思义就是用来设置边缘颜色或颜色序列,也是可选参数,还有前面提到的很多参数,这些参数的用法都非常简单,读者可以试着进行设置。

4.3　绘制气泡图

气泡图是散点图的一种,只是气泡图更侧重展示散点的值的大小。如果将视角放得更广阔一些,也可以认为气泡图本质就是把柱状图用其他形状来表示,其主要目的是形成数据间的对比,可以用圆形、方形、三角形或者其他形状,关键的问题是确定用什么来表示数据大小。例如,气泡图一般都是用面积来表示数据大小,如果数据是 100 和 10,对应图形的面积就是 100 和 10,当然也可以用其他特征,但是要保证对比的口径统一。

基于散点图(scatter)的基础稍加调整就可以绘制气泡图,只需要稍微调整 scatter()函数的参数就可以了。气泡图类似散点图,也是表示 X、Y 轴坐标之间的变化关系,也可以像彩色散点图一样给点上色。

气泡图与散点图的最大区别在于通过图中散点的大小来直观感受其所表示的数值

大小。气泡图其实比散点图多了一个维度，即标记点的大小可以代表一个维度，用来衡量数据的大小。

【例 4-12】绘制气泡图。

由于气泡图主要是体现点所代表的数据的大小，绘制气泡图需要解决的最重要的一点就是将所绘制的点的大小与它所代表的数据的大小联系起来。下面的程序使用两组值，quantity 作为横坐标的值，data 作为纵坐标的值也就是数据的大小，将 data 中的值乘上 n 作为气泡的大小，气泡越大，说明数值越大。具体程序如下：

```
import matplotlib.pyplot as plt
import pandas as pd

quantity=[100,200,120,150,300]
data=[50,130,40,50,160]
size=sorted(data)

n=20

# 开始作图

plt.scatter(quantity,data,s=[i*n for i in size],alpha=0.8)
plt.show()
```

程序的运行结果如图 4-12 所示。

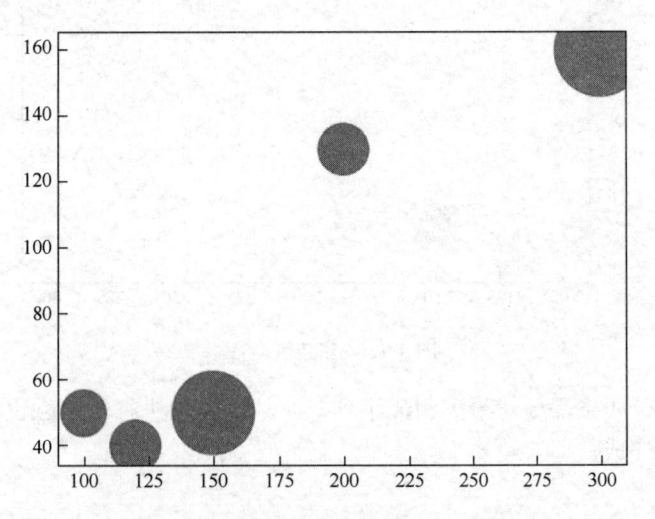

图 4-12　气泡图

数据中还有一个分类，很多时候，我们需要根据分类来对数据点进行区分，这个时候就需要对颜色进行定义。

【例 4-13】绘制分类气泡图。

将颜色的设置与数据值联系起来，不同数据设置不同的颜色，注意 data 中每一个数

据必须有其对应的颜色。这也可以放到 Excel 或 csv 文件中来分类，会更方便一些。具体程序如下：

```
import matplotlib.pyplot as plt
import pandas as pd

quantity=[100,200,120,150,300,210,240]
data=[50,130,40,50,160,40,130]
size=sorted(data)
color1={40:'yellow',50:'red',130:'blue',160:'orange'}
n=20

# 开始作图

plt.scatter(quantity,data,c=[color1[i] for i in data],s=[i*n for i in size],alpha=0.8)
plt.show()
```

程序的运行结果如图 4-13 所示。

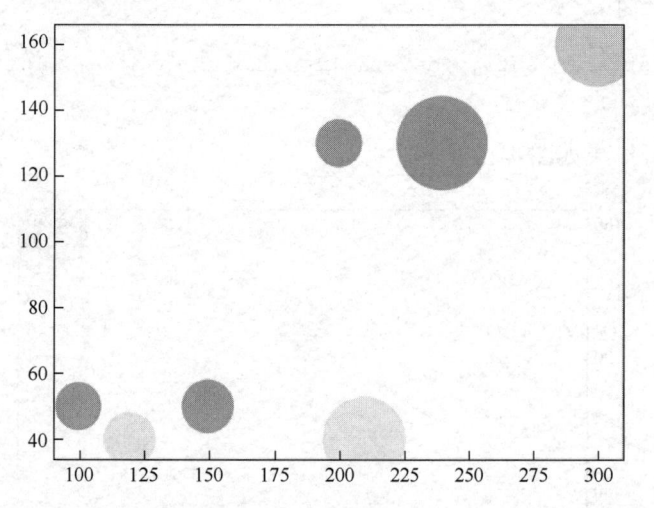

图 4-13　分类气泡图

在柱形图中，如果需要对最大和最小项，或其他的项进行不同颜色标注，同样可以用列表解析式来完成。

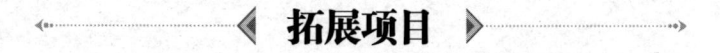

题目： 模仿醉汉在二维空间上的随机行走。一个醉汉喝醉酒，每次只能走一步，每步分别沿着 X 或 Y 轴走一个单位长度，试着画出醉汉的轨迹。

要求： 在本项目程序基础上进行修改，实现如图 4-14 所示的图形。

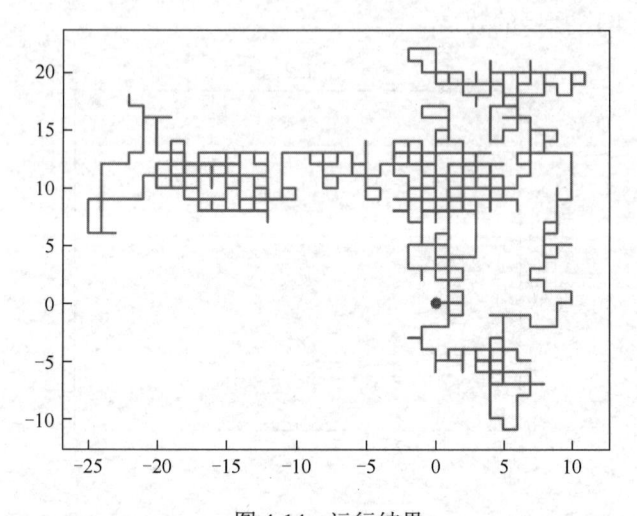

图 4-14　运行结果

课 后 练 习

1. 编程实现如图 4-15 所示的效果。

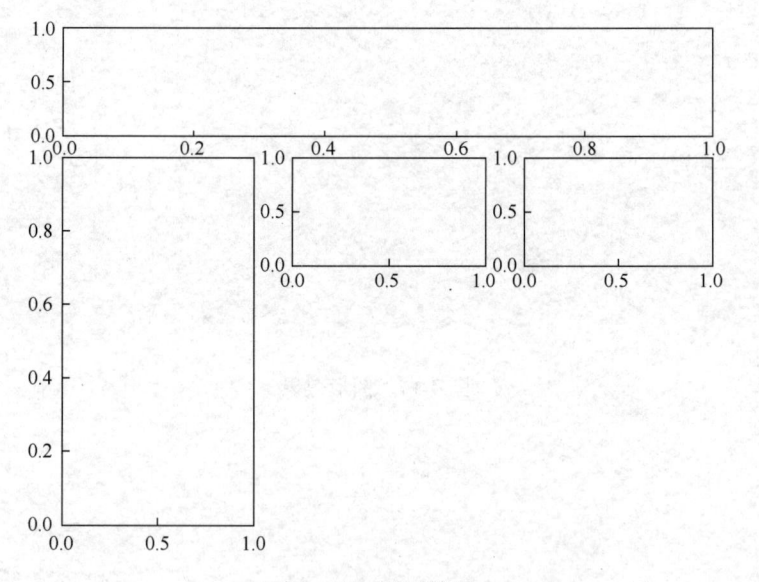

图 4-15　图形效果

2．绘制如图 4-16 所示的效果。

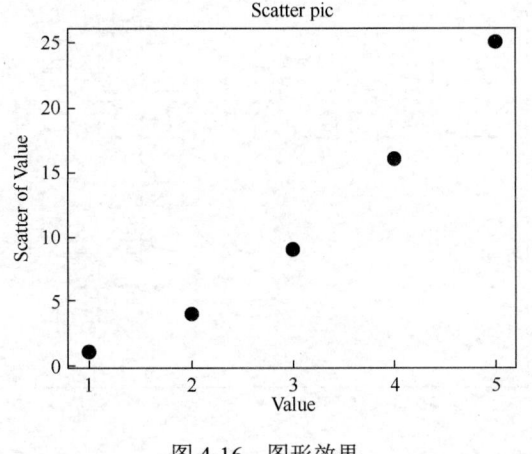

图 4-16　图形效果

3．绘制如图 4-17 所示的效果。

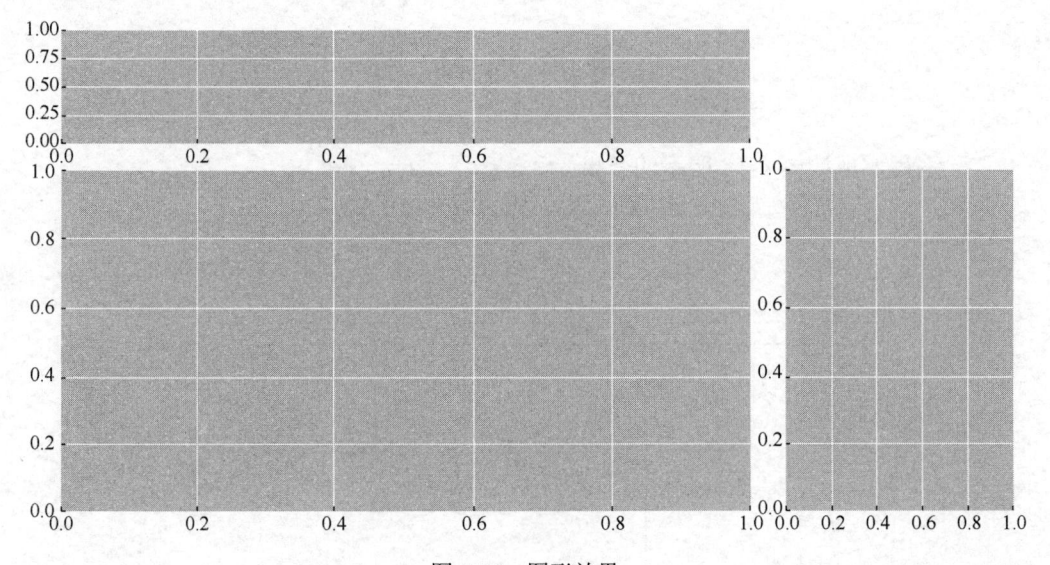

图 4-17　图形效果

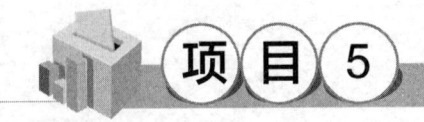

双层饼图秀恩爱

▶ 项目背景

世界上最遥远的距离，是我在 if 里你在 else 里，虽然经常一起出现，但却永不结伴执行。

程序员是一个聪明、理性、创造力强、学习能力强、有可能爱电脑胜过爱自己另一半的群体。有可能会有人评价他们纯理性不浪漫，但其实对另一半很忠诚、很细心，更重要的是，很懂得浪漫，并且能用最特别的方式表达出来。

▶ 学习目标

※知识目标

● 掌握饼图的概念及绘制函数。

● 掌握环形图的概念及绘制函数。

● 理解多重饼图与多重环形图。

※能力目标

● 能够绘制饼图。

● 能够绘制环形图。

● 能够根据需要修改饼图的参数值。

※素质目标

● 逻辑思维能力。

● 团队合作精神。

● 动手能力。

◆◇◆ **项目实现** ◆◇◆

◆ 【项目描述】

本项目是为了体现程序员的浪漫而开发的。该项目主要用到了与 Python 相关的 matplotlib 模块、numpy 模块以及内置模块 math。既使用了本项目介绍的饼图，又加入了前面学过的线形图，是一个综合性的项目。

本项目的算法思路是：

1）给定三个简单数据集；

2）设置数据标签；

3）调用 pie()函数绘制最外圈的环形图，将该环形的半径设置为较大，并且适当设置其他辅助参数；

4）调用 pie()函数绘制次外圈的环形图，将该环形的半径设置为大，并且适当设置其他辅助参数；

5）调用 pie()函数绘制饼图，并且将该饼图只设置一个饼块，外观显示为一个圆形，使其在两个环形图的正中心位置；

6）调用两次 plot()函数绘制线形图，绘制大小两个心形图形，并设置参数使其套接在一起，显示在正中心的位置。

项目结果如图 5-1 所示，在一张画布中同时显示 2 个环形图、1 个圆形饼图和 2 个心形线形图。

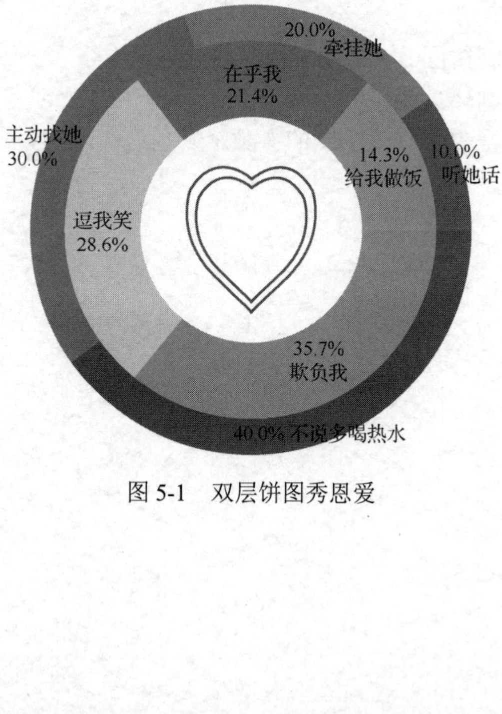

图 5-1　双层饼图秀恩爱

◆ 【项目分析】

本项目弱化了数据处理，调用 matplotlib 绘制环形图、饼图以及线形图。环形图其实是饼图的特殊状态，可以看作空心的饼图。通过这一综合项目，使读者掌握饼图的绘制方法及常用参数的设置。

1. 图形概念

饼图的基本概念很简单，但是通过绘制饼图的函数 pie()却可以画出各种不同的变形饼图。饼图还可以画出非常时尚的广告用图，这有待于读者熟练掌握并能灵活运用。

2. 图形元素分析

由图 5-1 可以看出，本项目绘制的饼图中并不包含前面介绍的图形中必不可少的坐标系。这是由 pie()函数自动设置的，当然也可以手动添加上，只是会影响饼图的美观度。

3. 技术分析

两个环形图需要紧密套接在一起，这就要设置好恰当的环形半径。并且中间的心形图案居于正中心的位置，这要求参数的设置要精准，可以通过多次调整参数的值来实现。

从项目的运行结果中，可以领略到程序员的浪漫一面，也增加了程序开发的趣味性，有助于读者学习并掌握饼图的绘制方法。

◆ 【项目实操】

项目并不涉及数据的读取，因此只需要直接在开发工具中运行即可。具体程序如下：

```python
import matplotlib.pyplot as plt
import numpy as np
import math

plt.rcParams['font.sans-serif']=['SimHei']

vals1 = [1, 2, 3, 4]
vals2 = [2, 3, 4, 5]
vals3=[1]

fig, ax = plt.subplots()
labels1 = '听她话', '牵挂她', '主动找她', '不说多喝热水'
labels2 = '给我做饭', '在乎我', '逗我笑', '欺负我'

ax.pie(vals1, radius=1.2,autopct='%1.1f%%',pctdistance=1,
       labels=labels1,labeldistance=1.1)
```

```
ax.pie(vals2, radius=1,autopct='%1.1f%%',pctdistance=0.65,
      labels=labels2,labeldistance=0.75)
ax.pie(vals3, radius=0.6,colors='w')
# ax.set(aspect="equal", title='双层环形图秀恩爱')

t=np.linspace(100,math.pi,1000)
x=np.sin(t)
y=np.cos(t)+np.power(0.4*x,2.0/3)

plt.plot(0.5*x,0.5*y-0.09,color='red',linewidth=2)
plt.plot(-0.5*x,0.5*y-0.09,color='red',linewidth=2)

# plt.legend(labels=[labels1,labels2],bbox_to_anchor=(1, 1), loc=
'best', borderaxespad=0.)
plt.show()
```

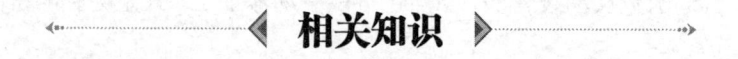

◢ 5.1 ╲ 饼图基本概念

饼图顾名思义就是将一块像饼一样的圆切分出不同的比例，最终展示出不同成分所占比例的大小。其侧重的是一个系统内的不同组成，以及部分所占总系统的比重，因此既可以表现出各个组成部分的比例关系，也能表现一个组成部分占总体的比例。

与柱状图、散点图和折线图相比，饼图是另外一种数据分析常用的图形，主要用于分析数据内部的分布状态或分散状态。饼图主要用于查看各分组数据在总数据中的占比。

下面是饼图的一些特征：

- 饼图的标记：扇形面。
- 必备的视觉通道：扇形所对应的弧度。
- 常见的视觉通道：色彩、纹理、半径等。
- 适用场景：一个数据系列中，显示各项大小与其总体的比例，其中的数据点是整个饼图的百分比。

饼图虽然很特别，图形很紧凑，看上去有美感，但是难以对数量进行比较，且以特定的角度和颜色的扇形展示数据，会使人的感觉有倾向性，从而容易影响我们对于所呈现数据得出的结论。

饼图类的图形其实还分多种风格，包括基本饼图、环形图以及多重饼图。下面通过例子说明其绘制函数及参数的用法。

△ 5.2 绘制饼图

5.2.1 函数及参数说明

matplotlib 中绘制饼图的函数为 pie()，使用语法如下：

```
plt.pie(x, explode=None, labels=None, colors=None, autopct=None,
pctdistance=0.6, shadow=False, labeldistance=1.1, startangle=None, radius=
None, counterclock=True, wedgeprops=None, textprops=None, center=(0, 0),
frame=False)
```

pie() 函数用于绘制一个数组 x 的饼图，每个部分的分数面积由 x/sum(x) 给出。如果 sum(x)<1，那么 x 的值直接给出分数区域，并且数组不会被归一化。饼图中将有一个大小为 1 - sum(x) 的空部分。

饼图中的各个部分是逆时针绘制的，默认从 X 轴的正半轴开始逆时针方向绘制。当 x 向量所有元素之和小于 1 时，画图会正常进行，但饼图会有缺口。

必选参数 x 是 Series 数据，labels 可自定义，startangle 决定了起始的角度默认是 X 轴，counterclock 用于确定是逆时针还是顺时针。其他具体参数含义需参考 API 文档。

pie() 函数的各个参数含义如表 5-1 所示。

表 5-1 pie() 函数的参数含义

参数	接收值类型	说明	默认值
x	array	绘图的数据	无
explode	array	饼图中各个饼之间的间距	0
labels	string	图例说明	无
colors	string	指定饼图的填充色	随机色
autopct	string	百分比显示格式	None
pctdistance	数值	设置百分比标签与圆心的距离	0.6
shadow	bool	是否添加饼图的阴影效果	False
labeldistance	数值	设置各扇形标签（图例）与圆心的距离	1.1
startangle	数值	设置饼图的初始摆放角度	0
radius	数值	设置饼图的半径大小	None
counterclock	bool	是否让饼图按逆时针顺序呈现	True
wedgeprops	string	设置饼图内外边界的属性，如边界线的粗细、颜色等	None
textprops	string	设置饼图中文本的属性，如字体大小、颜色等	None
center	坐标	指定饼图的中心点位置	原点(0, 0)
frame	bool	是否要显示饼图背后的图框，如果设置为 True 的话，需要同时控制图框 X 轴、Y 轴的范围和饼图的中心位置	False

下面是这些参数用法的详细描述。

● x：可迭代对象，里面的值是饼块的大小。

- explode：可迭代对象，这个参数是可选参数，默认为 None，非空时，其列表或元组长度应为 x 的长度，这个列表给出每一个碎片（块）离圆心的距离。
- labels：列表对象，为可选参数，默认为 None，非空时为一系列的字符串，用于标出每一块代表的含义。
- colors：可迭代对象，为可选参数，默认为 None。这个 colors 列表长度跟 x 长度一致，且使用 matplotlib 里的颜色符号。若为 None 的时候会自动上色。
- autopct：默认为 None，其值为字符串或是一个函数，为可选参数。非空时，应传入一个字符串或者函数，用于标出每一个块的大小值；这个值会被标在每个三角块的内部；若传入的是字符串形式，它会被格式化，若为函数将会被调用。控制饼图内百分比设置,可以使用 format 字符串或者 format function。"%1.1f" 用于指定小数点前后位数（没有用空格补齐）。
- pctdistance：浮点型，为可选参数，默认为 0.6。表示每一个三角块之间的比例，且文本由 autopct 生成，当 autopct 为空时传入无效。
- shadow：布尔类型，为可选参数，默认为空。其用来在饼图的下方画阴影。
- labeldistance：浮点型或空，为可选参数，默认是 1.1。每一个饼图标签的辐射距离为空时，标签不会被画上，而是被存储在 legend() 里等待被调用。
- startangle：浮点型，为可选参数，默认为空。非空时从 X 轴开始逆时针旋转饼图传入的度数。
- radius：半径，默认为 1。
- counterclock：标出碎片的角度，顺时针还是逆时针。
- wedgeprops：字典类型，传入一个字典去设置饼图的参数，如使 wedgeprops = {'linewidth':8} 来设置饼图的边宽。
- textprops：字典类型，用于设置字体对象。
- center：列表或者浮点数类型，默认值为(0,0)。用于设置图的中心位置。
- frame：布尔类型，旋转参数值为真时旋转标签相应的角度。

5.2.2　实例

首先介绍最基本的饼图绘制方法，即调用 pie() 函数，只进行一些必要的参数设置。

【例 5-1】绘制最基本的饼图。

具体程序如下：

```
import matplotlib.pyplot as plt
plt.rcParams['font.sans-serif']=['SimHei'] # 用来正常显示中文
labels = ['买书','存饭卡','零食','日用品','交通','其他']
sizes = [20,40,12,10,9,5]
plt.pie(sizes,labels=labels,autopct='%1.1f%%')
```

例 5-1 实操

```
plt.title("饼图-某学期王同学支出")
plt.show()
```

在上面的程序中，将要处理的数据放在 sizes 变量中，这些数据的总数可以不必是100，因为它最终显示在饼图中的百分比是由 sizes[i]/sum(sizes[i]) 计算出来的。

labels 的作用是给出在每一块饼图外侧显示的说明文字，它的值必须与 sizes 中的值一一对应。在 pie() 函数中，autopct 的作用是指明显示在饼图中的百分比的格式为小数点后面保留一位，并且后面加上%号，所以在 "%1.1f%%" 中末尾有两个百分号%，倒数第 2 个百分号的作用是转义字符，使最后一个百分号正常显示出来。

在此没有指定参数 startangle 的值，使用的是其默认值 0，即绘制"买书"这第 1 个数据是从 0 度开始，并且是逆时针进行的。

程序运行结果如图 5-2 所示。

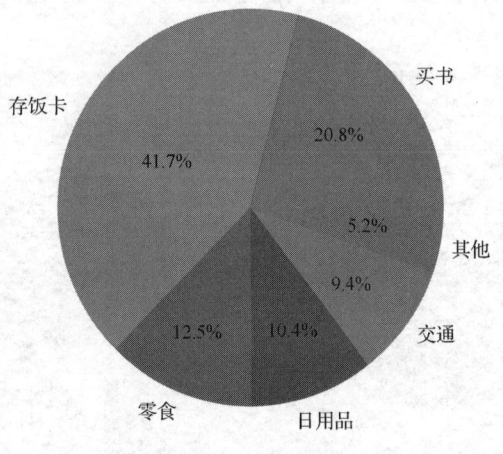

图 5-2　基本饼图

在图 5-2 中，饼图的整体是正圆形，但在旧的 matplotlib 版本中，默认的饼图形状是椭圆形，需要加入以下命令才能使之显示为长宽相等的饼图：

```
plt.axis('equal')
```

后来经过 matplotlib 的官方修改，才使得其默认图形为正圆形。

【例 5-2】在饼图中设置 explode 参数的值。

参数 explode 用于指定每一块饼图离开中心的距离，它是一个归一化的值，即取值范围为[0,1]，默认值为 0，即不离开中心。

具体程序如下：

例 5-2 实操

```
import matplotlib.pyplot as plt
plt.rcParams['font.sans-serif']=['SimHei'] # 用来正常显示中文
```

```
labels = ['买书','存饭卡','零食','日用品','交通','其他']
sizes = [20,40,12,10,9,5]

plt.subplot(121)
explode = (0,0,0.1,0,0,0)    # 将第3块分离出来
plt.pie(sizes,labels=labels,autopct='%1.1f%%',explode=explode)
plt.title("饼图-某学期王同学支出")
plt.subplot(122)
explode = (0,0,0.8,0,0,0)    # 将第3块分离出来
plt.pie(sizes,labels=labels,autopct='%1.1f%%',explode=explode)
plt.title("饼图-某学期王同学支出")

plt.show()
```

在上面的程序中，同一 figure 中显示了两幅饼图，用于对比 explode 取不同值时的效果。若想要哪块饼图分离出来，就将 explode 中的对应 sizes 位置的值设置为非 0，这里将第 3 块饼图分离出来。

程序运行结果如图 5-3 所示。

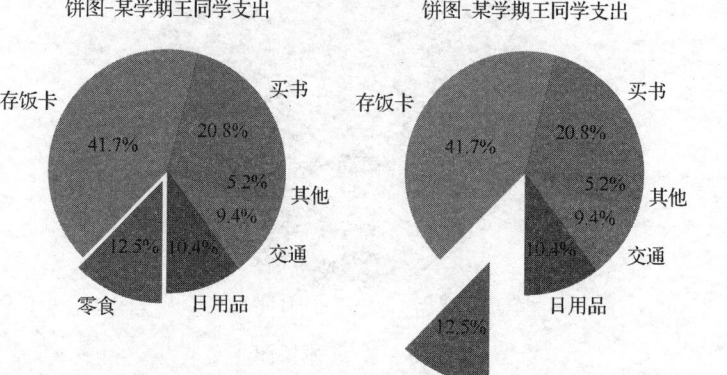

图 5-3　饼图分离

【例 5-3】用 colors 参数为饼图设置不同颜色。

colors 参数是列表类型，也是可选参数，默认值为 None。它是用来标注每块饼图的颜色参数序列。如果为 None，将使用默认的颜色。

colors 列表中值的个数不必与 sizes 中值的个数相同，并且可以用 g、y、b 这样的颜色值，也可以用十六进制的颜色值，如#001122。饼块的颜色按 colors 列表中的颜色进行绘制，如果 colors 长度小于 sizes 的长度，则循环给 sizes 中的饼块设置颜色值。

例 5-3 实操

具体程序如下：

```
import matplotlib.pyplot as plt
```

```
plt.rcParams['font.sans-serif']=['SimHei'] # 用来正常显示中文

labels = ['买书','存饭卡','零食','日用品','交通','其他']
sizes = [20,40,12,10,9,5]

explode = (0,0,0.1,0,0,0)        # 将第 3 块分离出来
colors = ['#001122','g','y','b'] # 自定义颜色列表
plt.pie(sizes,labels=labels,autopct='%1.1f%%',explode=explode,
colors=colors)
plt.title("饼图-某学期王同学支出")

plt.show()
```

在上面的程序中，colors 中有 4 个颜色值，sizes 中有 6 个饼块，那么第 5 个饼块的颜色值为#001122。

程序运行结果如图 5-4 所示。

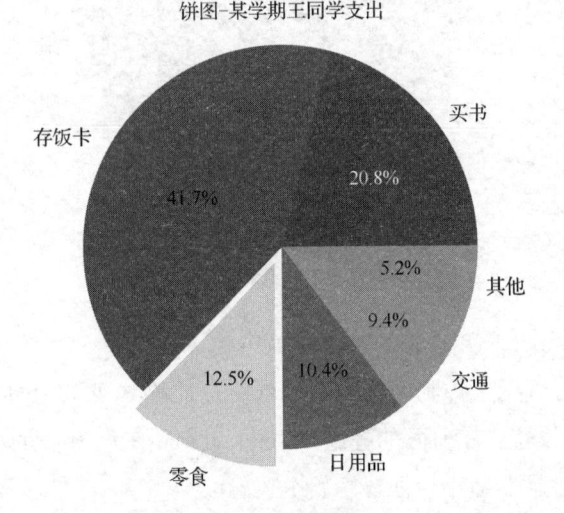

图 5-4　设置颜色

【例 5-4】用 shadow 参数为饼块设置阴影。

shadow 参数指明饼块是否有阴影效果，默认值为 False，即没有阴影。具体程序如下：

```
import matplotlib.pyplot as plt
plt.rcParams['font.sans-serif']=['SimHei'] # 用来正常显示中文
labels = ['买书','存饭卡','零食','日用品','交通','其他']
sizes = [20,40,12,10,9,5]
```

例 5-4 实操

```
explode = (0,0,0.2,0,0,0)   # 将第3块分离出来
plt.pie(sizes,labels=labels,autopct='%.1f%%',explode=explode,
        shadow=True)
plt.title("饼图-某学期王同学支出")

plt.show()
```

将 shadow 的值改为 True，可以看到明显的阴影效果。显示结果如图 5-5 所示。

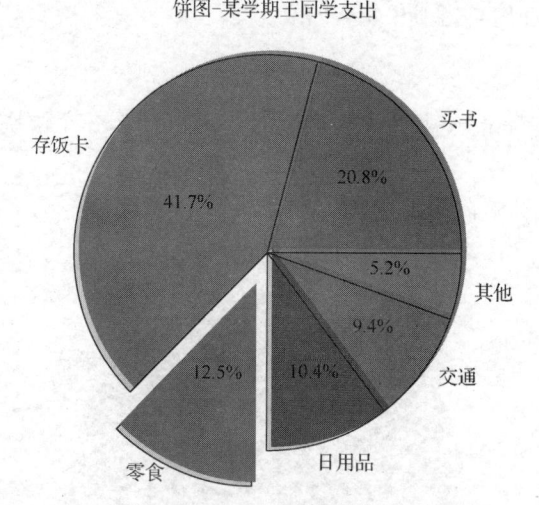

图 5-5　设置阴影

【例 5-5】用 autopct 参数设置饼图内的百分比。

参数 autopct 可以用来控制饼图内显示的百分比格式,可以使用 format 字符串或者 format function 进行设置。在前面的程序中，autopct 的值为 "%1.1f%%"，是指小数点后保留一位有效数值并且在数字后面显示百分号%。

如果需要小数点后保留 2 位，则只需要修改 autopct 的值即可，在此仅给出此行代码，其他语句与例 5-4 完全相同。

具体程序如下：

```
plt.pie(sizes,labels=labels,autopct='%1.2f%%',explode=explode,
        shadow=True)
```

程序运行结果如图 5-6 所示。

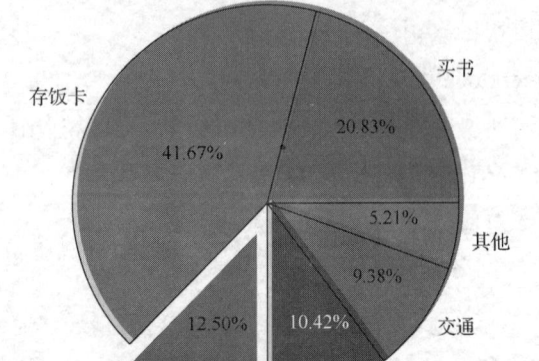

图 5-6　设置数据

【例 5-6】用参数 startangle 改变饼块的起始位置。

startangle 参数用于设定第 1 个饼块的起始绘制角度，默认值是从 X 轴正方向逆时针画起，如设定 startangle=90 则从 Y 轴正方向画起，即从离 X 正半轴 90 度的位置开始画第 1 个饼块。

相应参数的具体程序段如下：

```
plt.pie(sizes,labels=labels,autopct='%1.2f%%',explode=explode,
        shadow=True, startangle=90)
```

程序运行结果如图 5-7 所示。

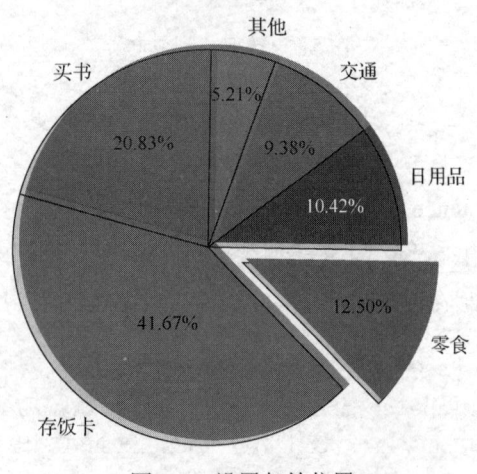

图 5-7　设置起始位置

从图 5-7 中可以看出，labels 列表中第 1 个数据"买书"是从 Y 轴正半轴位置开始逆时针绘制的，其他饼块依次相接。

【例 5-7】用 counterclock 参数改变绘制方向。

在前面的程序中，饼块的绘制方向都是逆时针的，可以利用参数 counterclock 来指定方向。counterclock 的值是布尔型，当然也是可选参数，默认为 True，即逆时针。要改变绘制方向，只需要将值改为 False 即可。

具体程序段如下：

```
plt.pie(sizes,labels=labels,autopct='%1.2f%%',explode=explode,
        shadow=True, startangle=90,counterclock=False)
```

程序运行结果如图 5-8 所示。

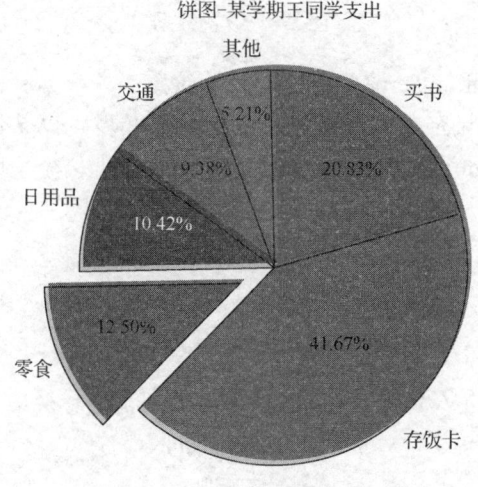

图 5-8　改变绘制方向

从图 5-8 中可以看出，第 1 个饼块"买书"是从 Y 轴的正半轴顺时针绘制的，其他饼块依次顺时针进行。

【例 5-8】用 labeldistance 设置标签 label 所在的位置。

参数 labeldistance 用来设置 label 在饼块附近的位置，是相对于半径的比例来说的，若 labeldistance <1 则绘制在饼块上，labeldistance >1 绘制在饼块的外侧，默认值为 1.1。

具体程序如下：

```
plt.pie(sizes,labels=labels,autopct='%1.2f%%',explode=explode,
        shadow=True, startangle=90,counterclock=False,
        labeldistance=0.8)
```

在上面的程序中，将 labeldistance 参数的值设置为了 0.8，则程序运行结果如图 5-9 所示。

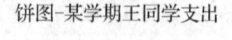

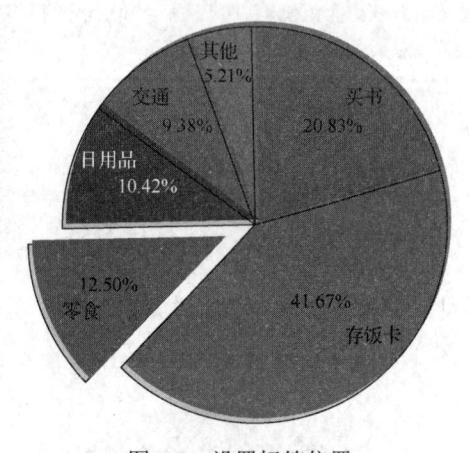

图 5-9　设置标签位置

【例 5-9】用参数 radius 设置饼图的圆半径。

参数 radius 用来控制饼图半径，radius 是浮点类型，也是可选参数，默认值为 None。如果半径取默认值 None，将被设置成 1。下面试着将它设置为 2.0。

具体程序段如下：

```
plt.pie(sizes,labels=labels,autopct='%1.2f%%',explode=explode,
        shadow=True, startangle=90,counterclock=False,
        labeldistance=0.8,radius=2.0)
```

程序运行结果如图 5-10 所示。

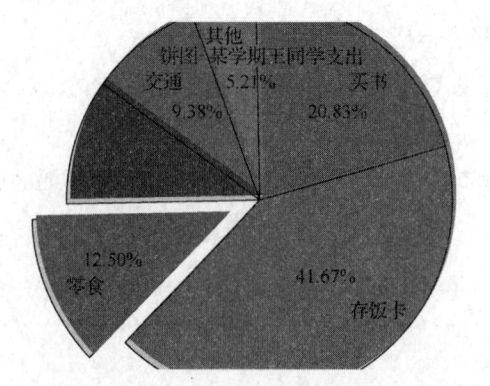

图 5-10　设置饼图的圆半径

可以看出，此时饼图已经大到超出了 figure 的范围，当然这里只是做个实验，使读者了解该参数的含义，在实际绘制中还是要选择合适的大小。

【例 5-10】用 pctdistance 参数指定饼块比例数值的位置。

参数 pctdistance 类似于 labeldistance，用于指定 autopct 的位置刻度，默认值为 0.6，这里设置 pctdistance=0.2，便于观察位置的变化。

具体程序段如下：

```
plt.pie(sizes,labels=labels,autopct='%1.2f%%',explode=explode,
        shadow=True, startangle=90,counterclock=False,
        labeldistance=1.1,pctdistance=0.2)
```

程序运行结果如图 5-11 所示。

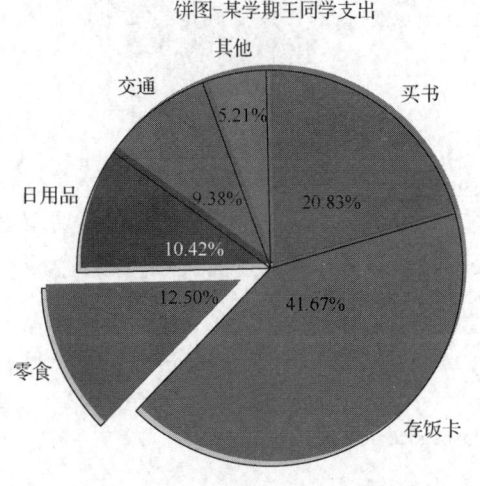

图 5-11 指定 autopct 的位置刻度

【例 5-11】设置标签字体格式并给饼图加上图例。

参数 textprops 用于设置标签（labels）和比例文字的格式，textprops 是字典数据类型，也是可选参数，默认值为 None。

添加图例的函数与其他类型的图相同，都是使用 plt.legend()实现。

具体程序段如下：

```
plt.pie(sizes,labels=labels,autopct='%1.2f%%',explode=explode,
        shadow=True, startangle=90,counterclock=False,
        labeldistance=1.1,pctdistance=0.6,
        textprops={'fontsize':20,'color':'black'})
    plt.legend(loc="best",fontsize=10,bbox_to_anchor=(1.1,1.05),border
axespad=0.3)
```

程序运行结果如图 5-12 所示。

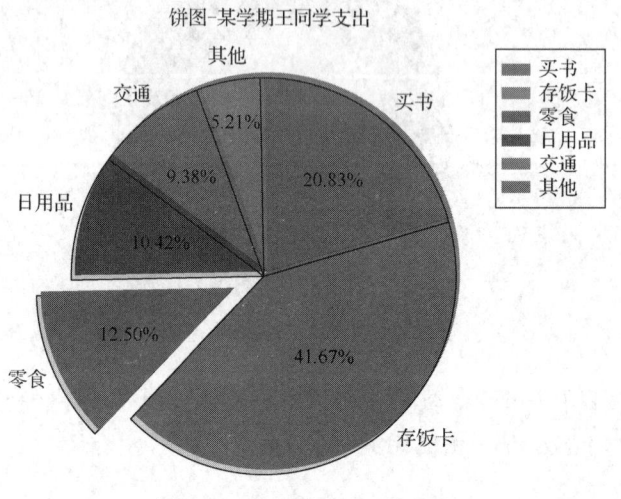

图 5-12 设置字体、添加图例

注意

当 x 向量所有元素之和小于 1 时，画图会正常进行，但饼图会有缺口。

5.3 绘制环形图

5.3.1 环形图基本概念

环形图是饼图衍生出来的统计图形，可以看作是两个以上饼图的叠合。但环形图与饼图其实也是有差别的。饼图是用圆形及圆内扇形的面积来表示数值大小的图形，主要用于表示总体中各组成部分所占的比例。与之相比，环形图中间留有空白，可以用多个环展示多个样本，既可以表示每个样本中各部分的占比，又可以对多个样本的结构同时进行对比。

环形图其实是另一种饼图，或者说它是空心的饼图，绘制函数依然是 pie()，只需要设置一下参数 wedgeprops 即可。

因此，所谓环形图，其实用到的依然是绘制饼图的函数，只是对其中的参数进行设置后形成环形图。文字表达永远没有图片来的直观，图 5-13 所示就是一个环形图。

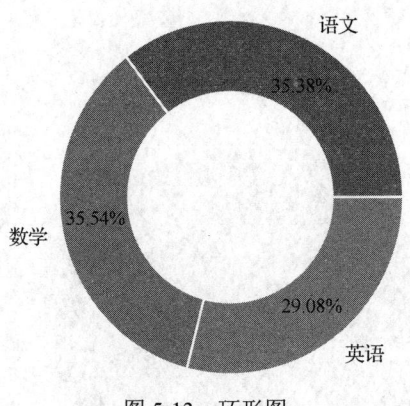

图 5-13　环形图

上边的环形图只有一个环，实际上可以根据需要绘制多个环嵌套在一起的环形图，并且也可以加上每一段弧形所占的比例。

5.3.2　实例

我们先从简单的开始，绘制一个基本的环形图。

【例 5-12】绘制最基本的环形图。

绘制环形图的重要参数就是 wedgeprops，通过对它的设置，可以将原本的饼图变成环形，该参数的值越大，环形越宽，反之，环形就越细窄。

具体程序如下：

```python
import matplotlib.pyplot as plt

plt.figure(figsize=(6,6))# 新建一个 6*6 的画布
# 中文和负号的正常显示
plt.rcParams['font.sans-serif']=['SimHei']
plt.rcParams['axes.unicode_minus'] = False

# 数据
edu = [0.2515,0.3724,0.3336,0.0368,0.0057]
labels = ['中专','大专','本科','硕士','其他']

# 把本科学历分离出来
explode = [0,0,0.1,0,0]

# 自定义颜色
colors=['#9999ff','#ff9999','#7777aa','#2442aa','#dd5555']

# 绘制饼图
plt.pie(x=edu,                # 绘图数据
    radius=1,# 设置半径为 1
```

```
        explode = explode,      # 突出显示大专人群
        labels = labels,        # 添加教育水平标签
        colors = colors,        # 设置饼图的自定义填充色
        autopct = '%.2f%%',     # 设置百分比的格式，这里保留 2 位小数
        wedgeprops = {'width': 0.4, 'edgecolor':'w'}  # 设置其值为 0.4
        )

# 添加图标题
plt.title('某工地搬砖工人教育水平分布')

# 显示图形
plt.show()
```

和之前绘制饼图不同的是多设置了两个参数，一个是半径，一个是弧度宽度和边框颜色，所谓弧度的宽度其实就是环形的宽度。在上面的程序中，设置了环形的宽度为原来饼图的 40%，边框颜色为白色。

程序运行结果如图 5-14 所示。

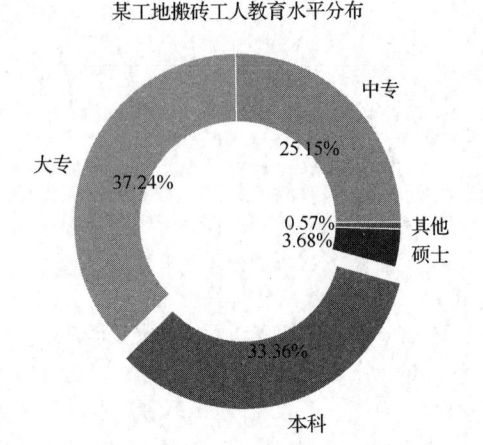

图 5-14　基本环形图

像这种简单的环形图，作用和饼图差不多，只能反映一个工地工人的学历情况，如果想要查看两个工地的对比情况，则需要绘制两个图，此时就可以通过绘制多重环形图解决这个问题。这将在 5.4 节中介绍。

5.4　绘制多重饼图

5.4.1　多重饼图

多重饼图是将饼图与环形图结合在一起，其效果是外围作为环形图而内部是一个小的饼图。二者套接在一起，就称之为多重饼图。

【例 5-13】绘制多重饼图。

将例 5-12 中提及的同时表示两个工地工人学历的问题，用多重饼图展示出来，具体程序如下：

```python
import matplotlib.pyplot as plt

plt.figure(figsize=(6,6))# 新建一个 6*6 的画布
# 中文和负号的正常显示
plt.rcParams['font.sans-serif']=['SimHei']
plt.rcParams['axes.unicode_minus'] = False

# 数据
edu1 = [0.2515,0.3724,0.3336,0.0368,0.0057]
edu2 = [0.3515,0.2726,0.3036,0.0068,0.0655]
labels = ['中专','大专','本科','硕士','其他']

# 让本科学历离圆心远一点
# explode = [0,0,0.1,0,0]

# 自定义颜色
colors1=['#9999ff','#ff9999','#7777aa','#2442aa','#dd5555'] # 自定义
颜色

# 绘制饼图
plt.pie(x=edu1,              # 绘图数据
    radius=1,               # 设置半径为 1
    labels = labels,        # 添加教育水平标签
    labeldistance= 1,       # 设置标签位置
    colors = colors1,       # 设置饼图的自定义填充色
    autopct = '%.2f%%',     # 设置百分比的格式，这里保留 2 位小数
    pctdistance=0.8,        # 设置百分比位置
    )

plt.pie(x=edu2,             # 绘图数据
    radius=0.6,             # 设置半径为 1
    # labels = labels,      # 添加教育水平标签
    # colors = colors,      # 设置饼图的自定义填充色
    autopct = '%.2f%%',     # 设置百分比的格式，这里保留 2 位小数

    )
# 添加图标题
plt.title('两个工地搬砖工人教育水平分布')

# 保存图形
# plt.savefig('pie_demo1.png')
plt.show()
```

在上面的程序中，在同一个 figure 中同时绘制了一个半径为 1 的基本环形图，以及一个半径为 0.6 的饼图。这样，就使两个图套接在一起，形成了多重饼图。

程序运行结果如图 5-15 所示。

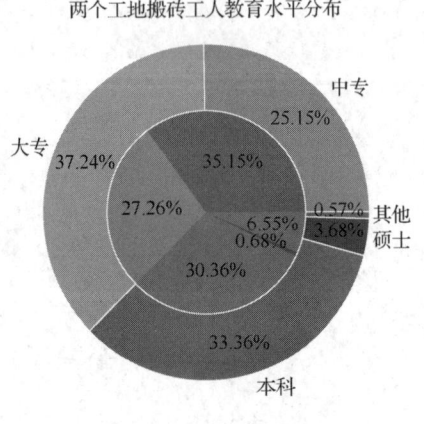

图 5-15　多重饼图

5.4.2　多重环形图

如果将两个环形图绘制在同一个 figure 中，并且两个环都显示出来并套在一起，就形成了多重环形图。

这时就要设置两个环的半径大小，使外围环的半径比内环半径大。半径参数 radius 的大小在 0~1 之间，半径的最大值为 1，在给两个环形的半径赋值时就需要都在这之间取值。当大环形的半径比小环形的半径大时，就可以看到小饼图套在大环内，变成与上例效果一样的多重饼图，而并非多重环形图。

要想得到大环套小环的多重环形图的效果，除了设置半径之外，还要设置内、外两环的参数 wedgeprops 的 width 值。当 width 分别设置为相等大小时，这样两环就会紧密衔接，如果二者的 width 值不等将会出现重叠或者分离的现象。

【例 5-14】绘制多重环形图。

将两个工地工人的学历情况用多重环形图表示出来的具体程序如下：

```
import matplotlib.pyplot as plt

plt.figure(figsize=(6,6))# 新建一个 6*6 的画布
# 中文和负号的正常显示
plt.rcParams['font.sans-serif']=['SimHei']
plt.rcParams['axes.unicode_minus'] = False

# 数据
edu1 = [0.2515,0.3724,0.3336,0.0368,0.0057]
```

```
edu2 = [0.3515,0.2726,0.3036,0.0068,0.0655]
labels = ['中专','大专','本科','硕士','其他']

# 让本科学历离圆心远一点
# explode = [0,0,0.1,0,0]

# 自定义颜色
colors1=['#9999ff','#ff9999','#7777aa','#2442aa','#dd5555'] # 自定义
颜色

# 绘制饼图
plt.pie(x=edu1,              # 绘图数据
    radius=1,               # 设置半径为1
    labels = labels,        # 添加教育水平标签
    labeldistance= 1,       # 设置标签位置
    colors = colors1,       # 设置饼图的自定义填充色
    autopct = '%.2f%%',     # 设置百分比的格式，这里保留 2 位小数
    pctdistance=0.8,        # 设置百分比位置
    wedgeprops = {'width': 0.4, 'edgecolor':'w'}
    )

plt.pie(x=edu2,              # 绘图数据
    radius=0.6,             # 设置半径为1
    # labels = labels,      # 添加教育水平标签
    # colors = colors,      # 设置饼图的自定义填充色
    autopct = '%.2f%%',     # 设置百分比的格式，这里保留 2 位小数
    wedgeprops = {'width': 0.4, 'edgecolor':'w'}
    )
# 添加图标题
plt.title('两个工地搬砖工人教育水平分布')

# 保存图形
# plt.savefig('pie_demo1.png')
plt.show()
```

这个环形图中的两个环挨在一起了，平时我们看到的环形图每个环之间会有一点间隙，能够很明显地看出是两个分离的环，其实这个也不难。

仔细观察上边的代码，两个环之间的半径差是 0.4，而弧形宽度也设置的是 0.4，所以两个环之间一点缝隙都没有。通过对这两个参数的设置就可以控制两个环之间的距离了，也就是说二者的宽度相同了。

程序运行结果如图 5-16 所示。

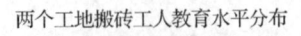

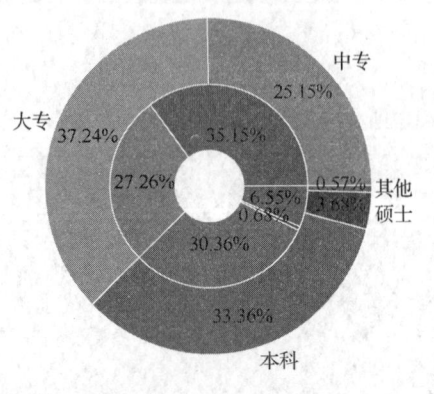

图 5-16　双环图

当两个环形的半径差不变，依然是 0.4，而将弧形宽度改成 0.3 的话，程序运行结果如图 5-17 所示。

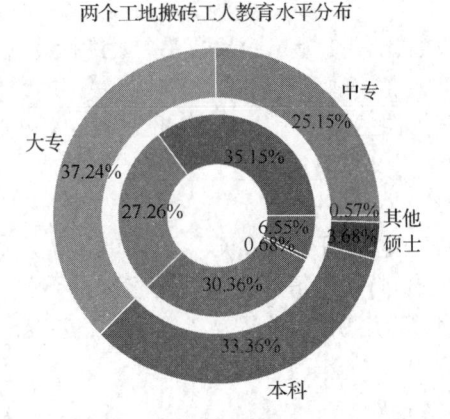

图 5-17　分离的双环图

这样就变成流行的环形图了。这是两个工地工人的学历环形图，如果想要多画几个环，可以把半径差设置大一点，弧形宽度设置小一点，能够容纳多个环形就可以了。

有意思的是，我们可以利用条形图或柱状图绘制出环形图，绘制出更漂亮的图形。

【例 5-15】绘制漂亮的半环形图。

要绘制本图形，首先绘制一个条形图，具体程序如下：

```
from matplotlib import pyplot as plt
fig=plt.figure(figsize=[6.72,3.75],facecolor=(235/255,235/255,235/255))
ax1=fig.add_subplot(1,1,1,facecolor=(235/255,235/255,235/255))
plt.yticks(range(0,4,1), fontsize=14)
ax1.barh(height=0.5,width=0.1,y=1,color=(243/255,133/255,36/255))
ax1.barh(height=0.5,width=0.2,y=2,color=(243/255,133/255,36/255))
```

```
ax1.barh(height=0.5,width=0.3,y=3,left=0.1,color=(243/255,133/255,
36/255))
    plt.show()
```

程序运行结果如图 5-18 所示。

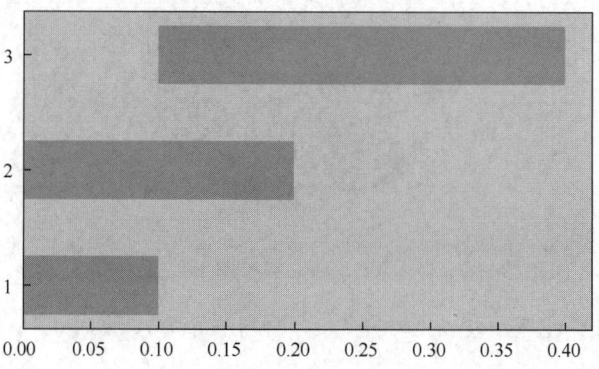

图 5-18　初步条形图

从上面的代码中可以看出，在 barh()函数中，控制条形位置和大小的参数主要是 height、width、y 以及 left 的值。

其中 height 控制着条形图的宽度而不是 width，指的是纵向的长度。而 width 控制的是长度，也就是横向的宽度。

y 值控制着条形图中线在 y 轴的位置。

left 控制从左边起，哪个位置开始画条形，也是就该条形离开它左侧 y 轴的距离。

下面，我们在 add_subplot()中将条形图绘制在极坐标系中，将图 5-18 中的长直条状图形变为弯曲的形状，类似环状图形。只需要在原 add_subplot()函数添加一个参数即可，代码如下：

```
    ax1=fig.add_subplot(1,1,1,facecolor=(235/255,235/255,235/255),
projection='polar')
```

程序运行结果如图 5-19 所示。

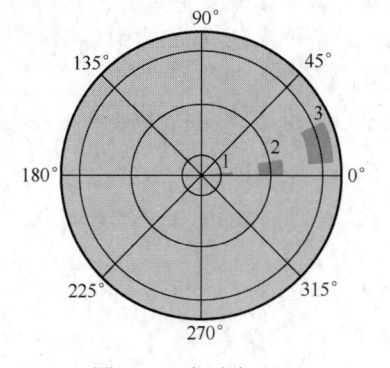

图 5-19　极坐标显示

条形图已经变得与原来完全不同了，但是已经有了环形图的形状。下面继续改变参数。

将原程序修改为如下：

```
from matplotlib import pyplot as plt

fig=plt.figure(figsize=[6.72,3.75],facecolor=(235/255,235/255,235/255))

ax1=fig.add_subplot(1,1,1,facecolor=(235/255,235/255,235/255),projection='polar')

plt.yticks(range(0,5,1), fontsize=14) # 设置 y 轴的刻度
ax1.barh(height=0.5,width=0.1,y=1,color=(243/255,133/255,36/255))
ax1.barh(height=0.5,width=1,y=2,color=(243/255,133/255,36/255))
ax1.barh(height=0.5,width=1,y=3,color=(243/255,133/255,36/255))
ax1.barh(height=0.5,width=1,y=4,color=(243/255,133/255,36/255))
plt.show()
```

由于绘制环形图时默认从 0 度开始，顺时针画，而且 width 控制的是环形的长度，所以环形图的 width 也就是实际要画的图的 X 值。

程序运行结果如图 5-20 所示。

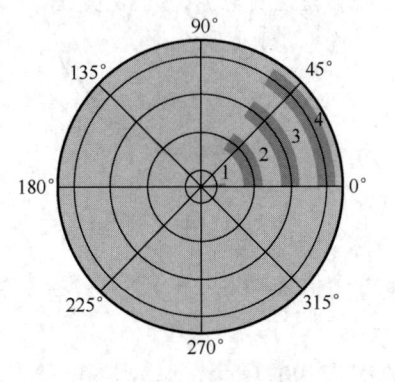

图 5-20　调整极坐标显示

这样就与前面的环形图比较相似了，只是其长度和宽度还要继续调整，将上面的代码修改如下：

```
from matplotlib import pyplot as plt

fig=plt.figure(figsize=[13.44,7.5],facecolor=(235/255,235/255,235/255))

ax1=fig.add_subplot(1,1,1,facecolor=(235/255,235/255,235/255),proj
```

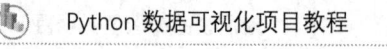

Python 数据可视化项目教程

```
ection='polar')
      plt.yticks(range(0,5,1), fontsize=14)  # 设置 y 轴的刻度

      ax1.barh(height=0.05,width=1,y=2,color=(243/255,133/255,36/255))
      ax1.scatter(x=1,y=2,color=(243/255,133/255,36/255))
      ax1.barh(height=0.05,width=1,y=3,color=(243/255,133/255,36/255))
      ax1.scatter(x=1,y=3,color=(243/255,133/255,36/255))
      ax1.barh(height=0.05,width=1,y=4,color=(243/255,133/255,36/255))
      ax1.scatter(x=1,y=4,color=(243/255,133/255,36/255))
```

上面的代码中，将 height 参数调细，然后利用前面学过的 scatter()函数在每个环形末端加了一个小圆点。

利用 scatter()函数之后，barh()的 width 参数值变成了 scatter()函数中的 x 参数值，y 还是原来的 y 值。

程序运行结果如图 5-21 所示。

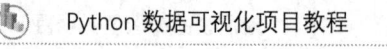

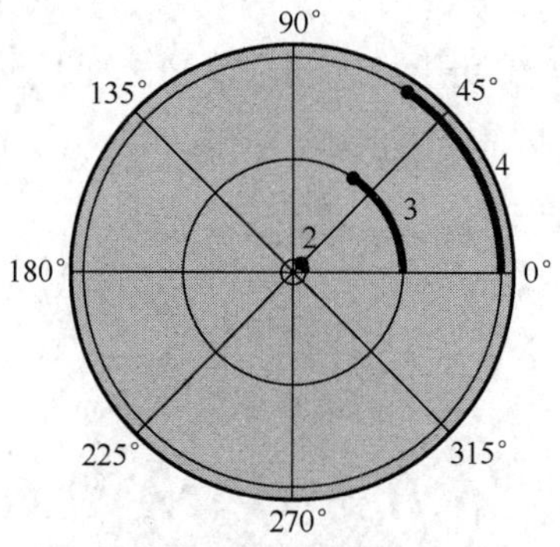

图 5-21　细环形图

极坐标中的点由 θ 和 r 两个值来确定，θ 表示角度，r 表示半径。现在要做的是在 barh()中换算 θ 和 r。

例如要画一个弧形，它对应 90 度角，从 45 度开始，一直到 135 度结束，则 width=1*1/4*2*np.pi，y=4，left=1/4*np.pi。

弧形就是圆周的截取，圆周长公式为 d*2π，即直径乘以 2π。

由于环形图的每个圆都是单位圆，直径都是 1，所以弧长直接计算就可以了。例如，半弧形的计算公式为：

```
width=1*1/2*2*np.pi
```

将前面的代码改为如下：

148

```
from matplotlib import pyplot as plt
import numpy as np
fig=plt.figure(figsize=[6.72,3.75],facecolor=(235/255,235/255,235/
255))
    ax1=fig.add_subplot(1,1,1,facecolor=(235/255,235/255,235/255),proj
ection='polar')
    plt.yticks(range(0,5,1), fontsize=14) # 设置 y 轴的刻度

    ax1.barh(height=0.05,width=1,y=2,color=(243/255,133/255,36/255))
    ax1.scatter(x=1,y=2,color=(243/255,133/255,36/255))
    ax1.barh(height=0.05,width=1,y=3,color=(243/255,133/255,36/255))
    ax1.scatter(x=1,y=3,color=(243/255,133/255,36/255))
    ax1.barh(height=0.05,width=1*1/4*2*np.pi,y=4,left=1/4*np.pi,color=
(243/255,133/255,36/255))
    plt.show()
```

程序运行结果如图 5-22 所示。

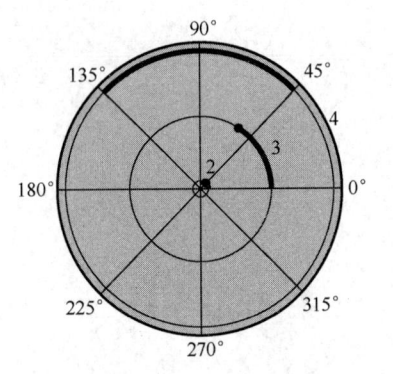

图 5-22　调整图形方向

最后，去掉网格线，再换个方向的弧形，如将 width 的值加个符号，则代码如下：

```
from matplotlib import pyplot as plt
import numpy as np
fig=plt.figure(figsize=[6.72,3.75],facecolor=(235/255,235/255,235/
255))
    ax1=fig.add_subplot(1,1,1,facecolor=(235/255,235/255,235/255),proj
ection='polar')
    ax1.axis('off')
    ax1.barh(height=0.005,width=-0.4*3,y=0.4,color=(243/255,133/255,36
/255))
    ax1.scatter(-0.4*3,0.4,color=(243/255,133/255,36/255))
```

```
    ax1.barh(height=0.005,width=-0.5*3,y=0.5,color=(243/255,10/255,36/
255))
    ax1.scatter(-0.5*3,0.5,color=(243/255,10/255,36/255))
    ax1.barh(height=0.005,width=-2*2,y=0.6,color=(243/255,133/255,36/2
55))
    ax1.scatter(-2*2,0.6,color=(243/255,133/255,36/255))
    ax1.barh(height=0.005,width=-0.5*np.pi*2,y=0.7,color=(243/255,133/
255,36/255))
    ax1.scatter(-0.5*np.pi*2,y=0.7,color=(243/255,133/255,36/255))
    plt.show()
```

运行代码，就生成了一个漂亮的图形，如图 5-23 所示。

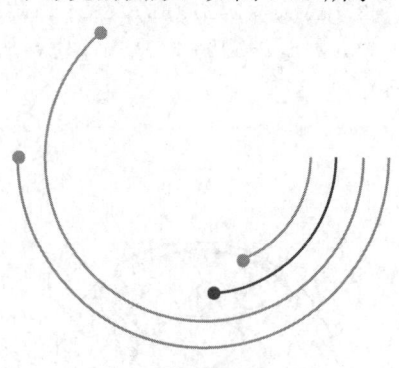

图 5-23 最终图形

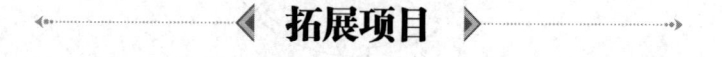

拓展项目

题目：基于例 5-15 的最终效果（图 5-23），为该图中每个弧形终端添加文字。
要求：在例 5-15 的基础上进行修改，实现如图 5-24 的效果。

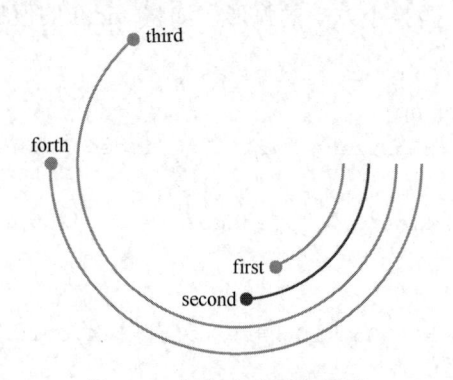

图 5-24 添加文字后的图形

课 后 练 习

1. 给饼图添加适当的阴影，饼图数据为 fracs = [15, 30.55, 44.44, 10]，请实现如图 5-25 所示的效果。

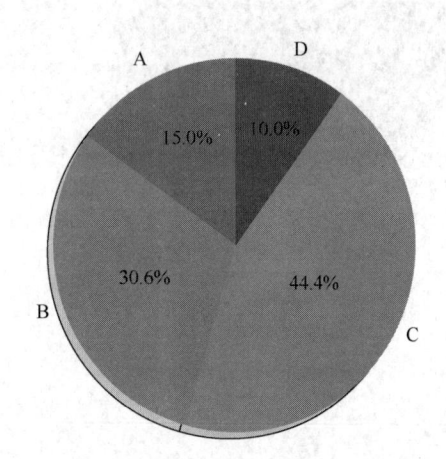

图 5-25　图形效果 1

2. 按照下面的数据要求，绘制饼图。

```
# 准备数据
data = [0.16881,0.14966,0.07471,0.06992,0.04762,
        0.03541,0.02925,0.02411,0.02316,0.01409,0.36326]
# 准备标签
labels = ['Java','C','C++','Python','Visual Basic.NET',
          'C#','PHP','JavaScript','SQL','Assembly langugage','other']
# 将排列在第 4 位的语言(Python)分离出来
explode =[0,0,0,0.3,0,0,0,0,0,0,0]
# 使用自定义颜色
colors = ['red','pink','magenta','purple','orange']
```

最终效果如图 5-26 所示。

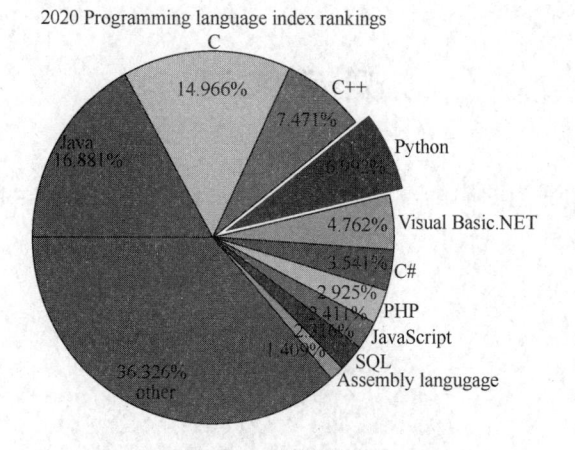

图 5-26　图形效果 2

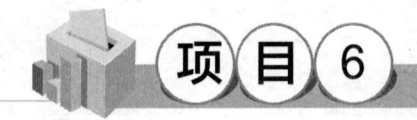

告别 Photoshop

▶ 项目背景

　　利用 Python 可以做很多有意思的事情，比如处理照片原本需要专门的
软件如 Photoshop 软件操作，而利用 Python 编程也可以轻松实现。

▶ 学习目标

※知识目标

- 掌握图像处理内容。
- 掌握 HSV 颜色空间。
- 理解 cv2 第三方模块。

※能力目标

- 能够安装 opencv-python 模块。
- 能够转换颜色空间。
- 能够处理图像。

※素质目标

- 理解需求的能力。
- 模块化思维。
- 测试代码的习惯。

◀ **项目实现** ▶

◆【项目描述】

　　本项目的目的是修改证件照的背景色，将证件照图片的底色从蓝色修改为红色，当然也可以根据需要修改为其他颜色。该项目主要用到了图像处理领域的有关知识，并用到了基于 Python 的 cv2 模块，利用该模块的函数对图像进行处理。

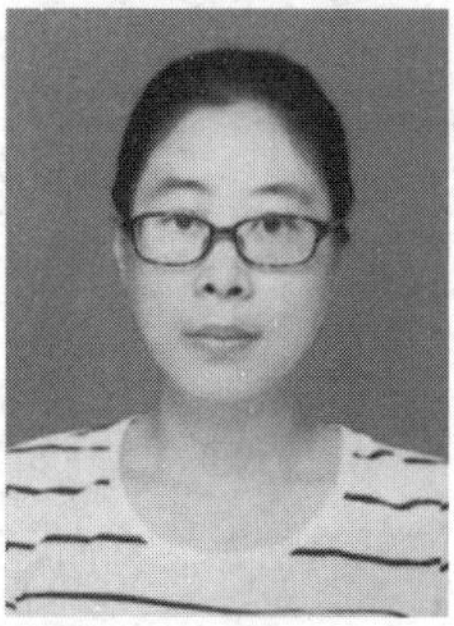

本项目要实现的功能包括：

1）读取照片原件，照片原件如图 6-1 所示；

2）原照片大小不合适，对原照片进行缩小处理；

3）将彩色照片转换为 HSV 灰度图；

4）将灰度图转换为黑白照片；

5）对黑白照片进行腐蚀或膨胀处理；

6）将上一步得到的图片中白色的像素点替换为红色。

图 6-1　照片原件

本项目的任务是将原证件照的蓝色背景经过图像处理后替换为红色背景。项目所用的照片格式是.jpg，适合所有需要处理的证件照。

　　程序对照片处理的过程图片及结果如图 6-2 所示，图 6-2（a）为 HSV 图，图 6-2（b）为膨胀操作后的照片，图 6-2（c）为腐蚀操作后的照片，图 6-2（d）为最终照片，其底色变成了红色。

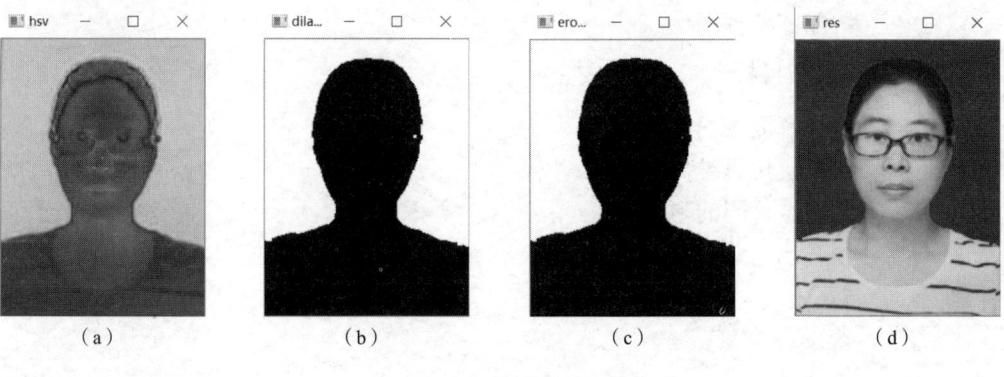

（a）　　　　　　（b）　　　　　　（c）　　　　　　（d）

图 6-2　照片处理

◆【项目分析】

　　本项目通过调用 Python 的 cv2 模块，对图像进行一些处理。首先将照片由 RGB 空

间转换为 HSV 色彩图像，通过查看 HSV 比对表，将背景色提取出来，然后利用 csv2 进行提取，并转换为其他颜色。项目使读者掌握初级图像处理相关知识，了解 Python 的强大功能。

1. 图像处理概念分析

图像处理是用计算机对图像进行操作，以达到一定效果的技术。图像处理一般称为数字图像处理，数字图像是通过摄像机、工业相机等设备拍摄得到的较大二维数组，数组中的元素称为像素，元素的值称为灰度值。图像处理技术一般包括图像增强、复原、压缩、识别等。

2. 图像处理过程分析

由图 6-2 可以看出，将证件照的底色换掉，需要先将 RGB 颜色空间转换为 HSV 颜色空间，然后将 HSV 图像中的背景色转换为白色，其他部分转换为黑色，也就是将图像二值化，最后将白色部分变为红色。

3. 技术分析

证件照换底色时首先要将底色获取出来，把背景色与其他部分分离出来，因此需要对图像进行膨胀或腐蚀处理。可以两种方法都使用，并通过对比其效果，选择最好的一种。

◆▷【项目实操】◁

1. 文件目录

程序和照片如果分别放在不同文件夹中，那么在编写程序时就需要注意文件路径的设置。如果二者放在同一文件夹下，则不需要写出文件路径，直接使用 imread 读取即可。

2. 运行程序

选择该程序，在 IDLE 中选择 Run->Run Module 命令即可运行，运行结果如图 6-2 所示。具体程序如下：

```
import cv2
import numpy as np

# 读取证件照
img=cv2.imread('woman.jpg')

# 缩小原照片
# 一般照完之后图片比较大，不符合证件照的大小
```

```
img = cv2.resize(img,None,fx=0.7,fy=0.7)
rows,cols,channels = img.shape
print(rows,cols,channels)
cv2.imshow('img',img)

# 图片转换到 hsv 颜色空间并显示出来
hsv = cv2.cvtColor(img,cv2.COLOR_BGR2HSV)
cv2.imshow('hsv',hsv)

# 把图像变为黑白两色
# lower_blue 和 upper_blue 需要查表获得
lower_blue=np.array([90,70,70])
upper_blue=np.array([110,255,255])
mask = cv2.inRange(hsv, lower_blue, upper_blue)


# 腐蚀或者膨胀
erode=cv2.erode(mask,None,iterations=1)
cv2.imshow('erode',erode)

dilate=cv2.dilate(erode,None,iterations=1)
cv2.imshow('dilate',dilate)

# 遍历每个像素点，将每个点进行颜色的替换
for i in range(rows):
  for j in range(cols):
    if erode[i,j]==255: # 像素点值是 255，表示白色，将白色的像素点替换为红色
      img[i,j]=(0,0,255) # 这里的颜色是 BGR 通道，不是 RGB 通道
cv2.imshow('res',img)

# 窗口等待的命令，0 表示无限等待，手动关闭窗口
cv2.waitKey(0)
```

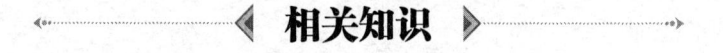

6.1 数字图像处理相关概念

图像能够传达的信息很丰富，是人们感知外界的视觉感受，是我们表达信息的重要

方式。数字图像处理就是用数字的方式对图像进行操作，其历史是在计算机多媒体技术出现之后才开始的。数字图像处理的常用处理方式有图像变换、图像压缩、图像增强、图像分割以及图像识别等，在该领域的科学研究也是在这些方面进行的。这些处理都是为了更好地让图像表达信息，每一个处理方式都有相应的算法和目标。

6.1.1　图像类型

数字图像可以被定义为一个二维列表，列表中元素的索引(x, y)就是图像中像素的纵横坐标，元素的值就是该像素的亮度值。在彩色照片中，其像素是由三个色系（红、绿、蓝）组成的，而灰白色照片中其像素就只由一个颜色的亮度组成，即它的灰度值。在计算机中，数字图像可按照灰度和颜色的多少分为二值图像、灰度图像、索引图像以及RGB 彩色图像，一般的数字图像处理就是针对这 4 类进行的。

（1）二值图像

二值图像的像素矩阵中只有 0 和 1 两个元素，0 表示黑色，1 表示白色。因此二值图像就是黑白两色的图像，通常用于线条、文字等的存储和表示。注意，它区别于通常所说的黑白照片，生活中的黑白照片中是有灰色像素的，事实上，黑白照片属于灰度图像。

二值图像可以利用数学形态学算法计算图像中各部分的结构特征，基本运算方法有腐蚀、膨胀、闭合和开启。Python 的 cv2 中提供了专门的腐蚀和膨胀函数。

腐蚀和膨胀的主要功能是消除图像中的噪声，分割出独立的图像元素并将相邻的元素连接起来，找到图像中的极大值或极小值区域并计算出梯度。膨胀是求出局部的最大值，使图像中的高亮区域逐渐增长。腐蚀则相反，其使图像中的高亮区域逐渐减小。

（2）灰度图像

灰度图像像素矩阵中的元素取值范围为[0,255]，0 表示黑色，255 表示白色，中间的数值表示从黑到白的灰色。生活中见到的黑白图片都属于灰度图，但存储在计算机里的黑白照片其实有的是 RGB 图像。

（3）索引图像

索引图像的像素除了有它的像素矩阵之外，还有一个索引矩阵，这也是索引图像的由来。一般索引图像只能同时显示 256 种颜色，但通过改变索引矩阵，颜色的类型可以调整。

（4）RGB 图像

RGB 图像就是日常见到的彩色图像，它的每个像素都是由三原色（红、绿、蓝）组合来的，都由 RGB 三个分量来表示。

6.1.2　色彩空间

彩色图像的彩色映射除了 RGB 格式之外，还有别的彩色模式，包括 HSV、CMY、CMYK、NTSC、YCbCr 以及 HIS 彩色空间。Python 的 cv2 模块提供了由 RGB 空间向HSV 空间的转换方法。

（1）RGB 色彩空间

计算机显示器的颜色由三原色即红、绿、蓝组成，RGB 图像中的像素颜色也是由这三种颜色混合产生的。该颜色空间以三原色组成的三维元组来表示一个像素，在三个方向上分别指定一个[0,255]的值。RGB 模式是以光的颜色为基础产生的，因此 RGB 值越大，颜色越淡或越亮，0 就表示黑色，255 就表示白色。

（2）HSV 色彩空间

HSV 表示色调、饱和度、数值，是由调色板中颜色的直观特点创建的色彩空间，也称为六角锥体模型。

H 表示角度，取值范围是[0,360]，它的主色包括红、绿、蓝，补色是黄、青、紫，它们的角度从红色开始，按逆时针依次为 0、120、240、60、180 和 300。

S 表示饱和度，是指颜色接近光谱色的程度。它的值越大，颜色越接近光谱色，饱和度越高，颜色越深而艳。S 的取值范围为[0,100]。

V 表示颜色明亮的程度，即明度。V 的取值范围为[0,100]，值越大越明亮，因此 0 表示黑色，100 表示白色。

（3）CMY 色彩空间

CMY 模式由青、品红、黄色组合而成，其图像像素也是由青（C）、品红（M）和黄（Y）组成三维坐标，不同于 RGB 的是每个色彩的取值范围是[0, 100]。

CMY 模式用于彩色打印，因此它的色彩模式是以墨的颜色为基准，墨色越大，颜色越暗淡，因此 C、M、Y 值越大，越接近黑色。

6.2 图像的基本处理

Python 的数字图像处理库比较多，比较常用的有三个，即 OpenCV（open source computer vision library）、Pillow/PIL（Python imaging library）和 skimage（scikit-image）。

6.2.1 常用库及函数

1. OpenCV

OpenCV 是图像处理中最常用、最强大的库之一，它是使用 C/C++开发的，在 Python 中引用时是 cv2 这个模块。

【例 6-1】cv2 处理图像。

cv2 中有针对图像读写的专用函数，具体程序如下：

```
import cv2
import numpy as np
```

例 6-1 实操

```
# 读入图片：默认彩色图
# 函数 cv2.IMREAD_GRAYSCALE 灰度图
```

```
# 函数 cv2.IMREAD_UNCHANGED 包含 alpha 通道

img = cv2.imread('hehua.png')

cv2.imshow('hehua',img)
cv2.imwrite('hehua.jpg',img)
cv2.waitKey(0)
cv2.destroyAllWindows()
```

在上面的程序中：

- cv2.imread()函数用来读取与程序同一路径下的图片 hehua.png。
- cv2.imshow()函数用来显示读取到的图片。
- cv2.imwrite()函数用来将读取到的图片数据显示为另一格式的图片，第一个参数是 filename，第二个参数是要存储的图像对象。
- cv2.imshow()函数单独执行并不会显示出图像，必须与函数 cv2.waitKey(delay)结合使用才可以。
- cv2.waitKey(delay)函数用于延迟显示图片，参数 delay 表示延迟多少毫秒显示图片，默认值为 0。当 delay≤0，可以理解为延迟无穷大毫秒。
- cv2.destroyAllWindows()函数可以释放由 OpenCV 创建的所有窗口。

将上述程序在 Python IDLE 中运行，读取并显示出来的图片如图 6-3 所示。

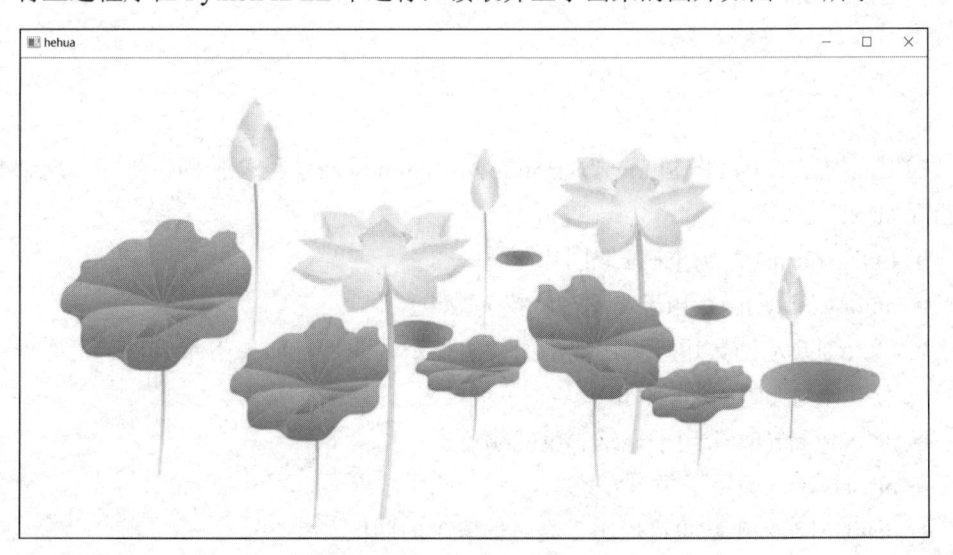

图 6-3　cv2 读取并显示图像

2. Pillow

PIL 也是 Python 的一个强大的图像处理库，知名度也很高，但是只支持 Python 2.7 及以下版本。Pillow 是 PIL 派生的分支，支持 Python 3 以上版本，其安装命令如下：

```
pip install pillow
```

但是使用的时候导入模块的代码如下：

```
import Image
```

下面举例进行说明。

【例 6-2】Pillow 处理图像。

Pillow 中有针对图像读写的专用函数，具体程序如下：

```
import numpy
from PIL import Image
import matplotlib.pyplot as plt

hehua = Image.open('hehua.png')
arr = numpy.array(
    hehua.getdata(), numpy.uint8).reshape(hehua.size[1], hehua.size[0],3)

print(hehua.size[1],hehua.size[0])
plt.imshow(arr)
plt.colorbar()
plt.show()
```

例 6-2 实操

在上面的程序中，将 Pillow 与 matplotlib、numpy 模块结合使用，程序中用到的有关函数如下：

- Image.open()函数用来读取图片信息。
- numpy.array()函数用于将图片转换为数组。
- plt.imshow()函数用于将读取到的数组显示为图片。如果不希望显示坐标轴，则可以使用代码 plt.axis('off')。
- plt.colorbar()函数用于显示彩色的颜色条。
- plt.show()函数用于显示彩条。
- hehua.show()函数也可以用于显示读取到的图像。

将上述程序在 Python IDLE 中运行，读取并显示出来的图片如图 6-4 所示。

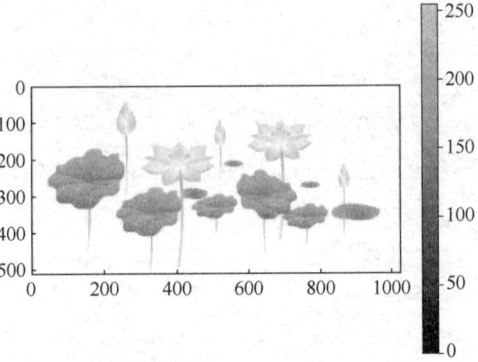

图 6-4　Pillow 读取并显示图像

3. skimage

与前两个类似，skimage 模块也是用于图像处理的，但是它需要事先在系统中安装。由于国外网站下载较慢，可以用下面的命令在国内的镜像网站中下载安装：

```
pip install scikit-image -i http://pypi.douban.com/simple/ --trusted-host pypi.douban.com
```

常用的函数及格式通过下面的例子进行说明。

【例 6-3】skimage 处理图像。

具体程序如下：

```
from skimage import io
import numpy as np
import matplotlib.pyplot as plt
img = io.imread('hehua.png')
print(img.shape) # numpy 矩阵, (h,w,c)
print(type(img))
```

例 6-3 实操

在上面的程序中，导入了 skimage 的 io 模块，读取图像的函数为 io.imread()，被读入的图像以 ndarray 格式存在。与之前类似，io.imshow() 和 io.imsave() 分别用于显示和存储图像。

将上述程序在 Python IDLE 中运行，程序的执行结果如图 6-5 所示。

```
Type "help", "copyright", "credits" or "license()" for more information.
>>>
================ RESTART: D:/人文/人文/教材/大数据可视化教材/教材代码/7/
例7-3.py ================
(512, 1024, 3)
<class 'numpy.ndarray'>
>>>
                                                                    Ln: 7 Col: 4
```

图 6-5　skimage 程序执行结果

6.2.2 Numpy 图像处理

图像其实就是 n 维数组，本项目要处理的平面图像都是二维数组，因此可以用数组来表示，对图像的操作就是对矩阵的操作。

对图像操作之前要先将图像加载进来。Numpy 模块安装的时候已经同时自动安装了 SciPy 模块，SciPy 也可以用于加载图像。

【例 6-4】显示 SciPy 模块自带图像。

具体程序如下：

例 6-4 实操

```
import scipy.misc
import matplotlib.pyplot as plt
face = scipy.misc.face()
plt.gray()
plt.imshow(face)
plt.colorbar()
plt.show()
```

在上面的程序中：

- scipy.misc 模块用于图像的读取。
- plt.gray()用于将图像颜色条显示成灰度色，如果不写这行代码，则颜色条显示为彩色。
- plt.imshow()用于对图像进行处理，并不显示图像。
- plt.colorbar()用于显示图像的颜色条，颜色条显示图像上值的范围。
- plt.show()用于显示图像。

将上述程序在 Python IDLE 中运行，程序的执行结果如图 6-6 所示。

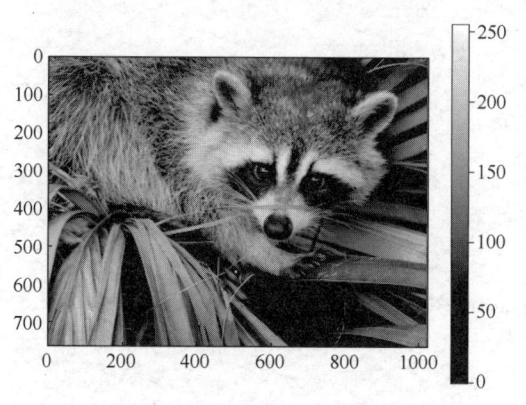

图 6-6　SciPy 模块自带图像显示

还可以利用下面的代码打印出该图像的数据信息：

```
print(face.shape)
print(face.max())
```

```
print(face.dtype)
```

上面的代码输出如下：

```
(768, 1024, 3)
255
uint8
```

可以看出，这个图像 768 个点宽，1024 个点高，并且是彩色 3 通道的。图像中像素最大值为 255，每个数据都是 uint8 类型。

当然，要读取自定义图像，就不能使用 SciPy 自带的图像，可以用 PIL 读取图像，代码如例 6-2 所示。

加载完图像，最重要的是要对它进行处理。可以对灰度图像进行处理，如果加载进来的是 RGB 通道的真实图像，同样也可以进行处理。在此，图像处理包括图像截取、翻转、压缩等，直接用 Numpy 处理，非常简单方便。

【例 6-5】将图像转换为单通道图像。

具体程序如下：

```
import numpy
from PIL import Image
import matplotlib.pyplot as plt

jiequ = Image.open('jiequ.jpg')
arr = numpy.array(
    jiequ.getdata(), numpy.uint8).reshape(jiequ.size[1],
jiequ.size[0], 3)
# 显示原始图像
plt.subplot(121)
plt.imshow(arr)

# 数组切片
arr1=arr[:,:,0]
# 显示单通道图像
plt.subplot(122)
plt.imshow(arr1)
plt.show()
```

例 6-5 实操

在上面的程序中，同时显示了两幅图像，一个是原 RGB 彩色图像，一个是单通道图像。单通道图像是由原图像转换而来，代码如下：

```
# 数组切片
arr1=arr[:,:,0]
```

arr1=arr[:,:,0]为数组切片，是利用 Numpy 的切片功能，选取多维数组中的任意部分，

例如下面的一维数组及切片结果：

```
>>> arr=np.array([5,1,3,2,6,4])
>>> arr[1:3]
array([1,3])
>>> arr[1:4]
array([5,1,3,2])
>>> arr[3:]
array([2,6,4])
>>>
```

多维数组也是一样的原理，例如下面的二维数组及切片结果：

```
>>> import numpy as np
>>> arr2=np.array([[3,5,2],[2,3,1],[4,5,8]])
>>> arr2[0,:]
array([3,5,2])
>>> arr2[:,0]
array([3,2,4])
```

将上述程序在 Python IDLE 中运行，程序的执行结果如图 6-7 所示。

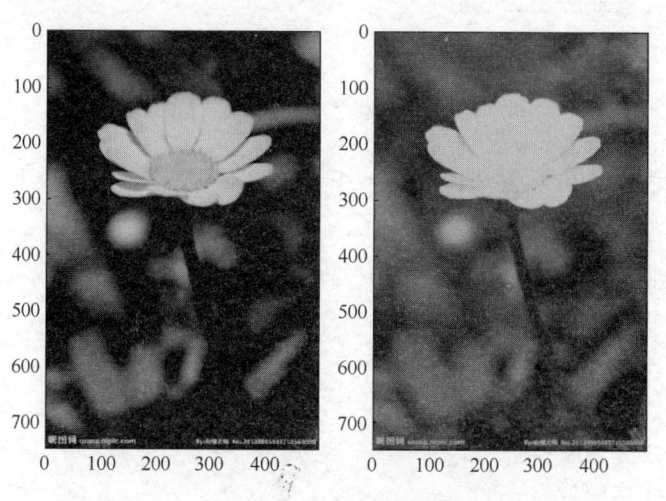

图 6-7　转换为单通道图像

根据上面的切片方法，可以将图像进行截取，从原图像中截取出感兴趣的部分并显示出来。

【例 6-6】图像截取。

具体程序如下：

```
import numpy
from PIL import Image
import matplotlib.pyplot as plt
```

例 6-6 实操

```
jiequ = Image.open('jiequ.jpg')
arr = numpy.array(
    jiequ.getdata(), numpy.uint8).reshape(jiequ.size[1],
jiequ.size[0], 3)

plt.subplot(121)
plt.imshow(arr)

# 图像截取
arr1=arr[ 0:400,0:450, : ]
plt.subplot(122)
plt.imshow(arr1)
# 查看原图像数组维度，输出结果为(750, 500, 3)
# 是 3 通道图像，图像大小为 750*500，高度为 750 像素，宽度为 500 像素
print(arr.shape)

plt.show()
```

在上面的程序中，对原图进行了截取，截取了原图中花朵的部分，去掉了一些背景区域。与例 6-5 中的代码区别仅有一行，具体如下：

```
# 数组切片
arr1=arr[0:400, 0:450, : ]
```

这里只是将原单通道的图像修改为三通道，并且只保留了数组中的一部分数据。根据原图像的大小（750,500,3），通过观察可以看出花朵部分在其上半部分，那么就可以将原数组切片，只保留前半部分。

将上述程序在 Python IDLE 中运行，程序的执行结果如图 6-8 所示。

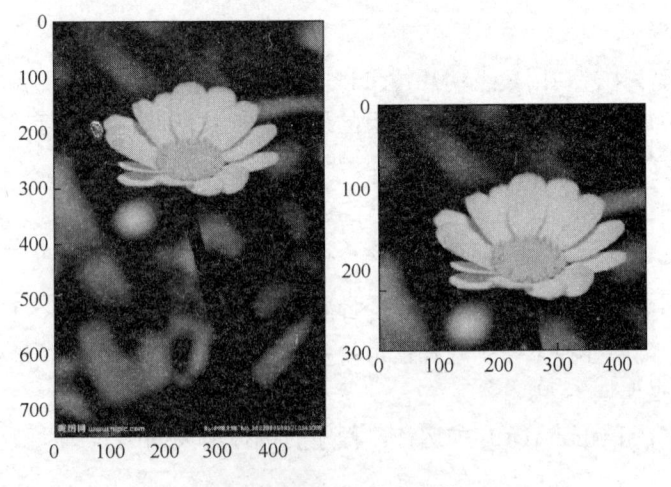

图 6-8　截取出花朵部分

当然也可以只裁剪宽度或只裁剪高度，只需要将代码相应部分进行修改，具体如下：

```
# 数组切片
arr1=arr[H1 : H2, W1 : W2, : ]
```

使用数组切片的方式还可以对图像进行翻转、压缩等。

【例 6-7】图像垂直翻转。

具体程序如下：

例 6-7 实操

```
import numpy
from PIL import Image
import matplotlib.pyplot as plt

jiequ = Image.open('jiequ.jpg')
arr = numpy.array(
    jiequ.getdata(), numpy.uint8).reshape(jiequ.size[1],
jiequ.size[0], 3)

plt.subplot(121)
plt.imshow(arr)

# 图像垂直翻转
arr1=arr[ : : -1, :, : ]
plt.subplot(122)
plt.imshow(arr1)

print(arr.shape)
plt.show()
```

在上面的程序中，利用数组切片技术将原图垂直翻转，也就是说将原图完全颠倒过来，根据数组切片原理，就是将图像数组的最后一行数据挪到第一行，倒数第二行挪到第二行，依此类推。代码如下：

```
# 数组切片
arr1=arr[ : : -1, :, : ]
```

对于数组中的行来说，::-1 表示取所有的行，并且步长为负数（-1）表示以最后一个元素为起点，倒序寻找下一个数据，也就是倒序输出所有的行。对于列和图像通道数量则使用 "：" 来保持不变。

将上述程序在 Python IDLE 中运行，程序的执行结果如图 6-9 所示。

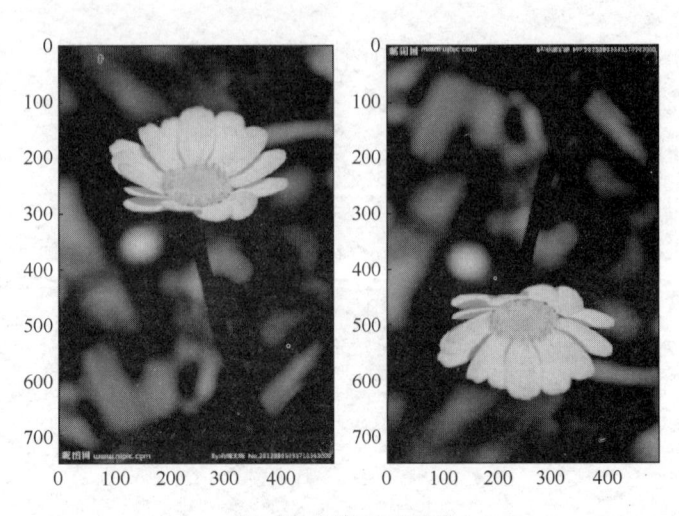

图 6-9　图像垂直翻转

还可以利用数组的操作进行水平翻转，对一个左右特征的图像进行左右翻转并观察其效果。

【例 6-8】使图像水平翻转。

具体程序如下：

```
import numpy
from PIL import Image
import matplotlib.pyplot as plt

cat = Image.open('cat.jpg')
arr = numpy.array(
    cat.getdata(), numpy.uint8).reshape(cat.size[1], cat.size[0], 3)

plt.subplot(121)
plt.imshow(arr)

# 图像水平翻转
arr1=arr[ :, : : -1, :]
plt.subplot(122)
plt.imshow(arr1)

print(arr.shape)
plt.show()
```

在上面的程序中，利用数组切片技术将原图进行了水平翻转，也就是说将原图完全左右颠倒过来，原图中的小猫看向左边，而翻转后都看向右边。

根据数组切片原理，就是将图像数组的最后一列数据挪到第一列，倒数第二列挪到第二列，依次类推，原理与垂直翻转类似。代码如下：

```
# 数组切片
arr1= arr[ :, : : -1, : ]
```

将上述程序在 Python IDLE 中运行，程序的执行结果如图 6-10 所示。

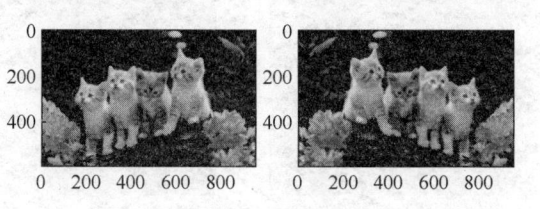

图 6-10　图像水平翻转

当然也可以垂直和水平同时翻转，只需要将代码改为如下：

```
# 数组切片
arr1= arr[ : : -1, : : -1, : ]
```

还可以对图像进行亮度的调整，达到明暗不同的效果。

【例 6-9】使图像变暗。

具体程序如下：

```
import numpy
from PIL import Image
import matplotlib.pyplot as plt

cat = Image.open('sea2.jpg')
arr = numpy.array(
    cat.getdata(), numpy.uint8).reshape(cat.size[1], cat.size[0], 3)

plt.subplot(221)
plt.imshow(arr)

# 图像亮度调节
arr1=arr*0.8
print(type(arr1))
plt.subplot(222)
plt.imshow(arr1.astype('uint8'))
arr2=arr*0.5
print(type(arr2))
plt.subplot(223)
```

```
plt.imshow(arr2.astype('uint8'))
arr3=arr*0.3
print(type(arr3))
plt.subplot(224)
plt.imshow(arr3.astype('uint8'))
print(arr.shape)
plt.show()
```

在上面的程序中，将原图像的亮度进行了三种不同程度的调节，分别调为原来的 0.8、0.5 和 0.3 倍。

将上述程序在 Python IDLE 中运行，程序的执行结果如图 6-11 所示，可以看到调节完的三幅图像都有不同程度的变暗。

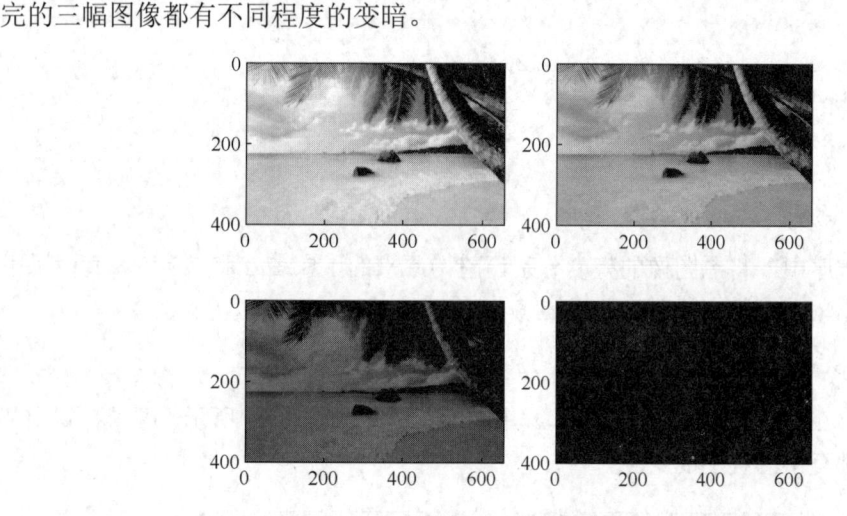

图 6-11 图像变暗

【例 6-10】使图像变亮。

具体程序如下：

```
import numpy as np
from PIL import Image
import matplotlib.pyplot as plt

cat=Image.open('sea1.jpg')
arr=np.array(
    cat.getdata(), np.uint8).reshape(cat.size[1], cat.size[0], 3)

plt.subplot(221)
plt.imshow(arr)
```

```
# 图像亮度调节
arr1=arr*1.5
arr1=np.clip(arr1,a_min=None,a_max=255.)
plt.subplot(222)
plt.imshow(arr1.astype('uint8'))

arr2=arr*2.0
arr2=np.clip(arr2,a_min=None,a_max=255.)
plt.subplot(223)
plt.imshow(arr2.astype('uint8'))

arr3=arr*3.0
arr3=np.clip(arr3,a_min=None,a_max=255.)
plt.subplot(224)
plt.imshow(arr3.astype('uint8'))

plt.show()
```

在上面的程序中,将原图像的亮度分别调整为原来的 1.5、2.0 和 3.0 倍。其中以下代码用于将数据范围控制在[0,255]之间:

```
arr1=np.clip(arr1,a_min=None,a_max=255.)
```

将上述程序在 Python IDLE 中运行,程序的执行结果如图 6-12 所示,可以看到调节完的三幅图像都有不同程度的变亮。

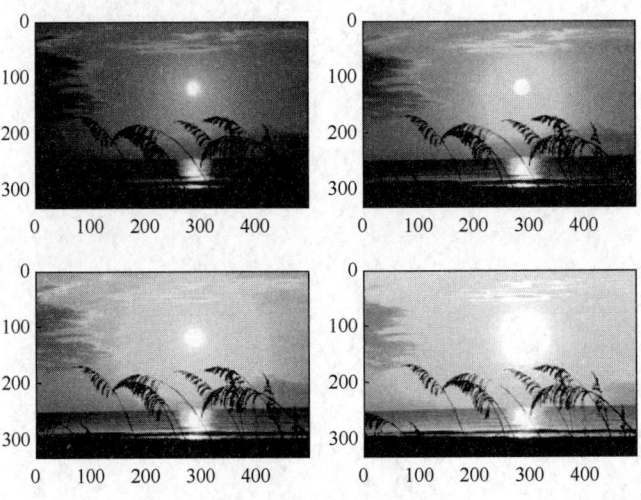

图 6-12 图像变亮

【例 6-11】图像压缩。

具体程序如下：

```python
import numpy as np
from PIL import Image
import matplotlib.pyplot as plt

cat=Image.open('girl.jpg')
arr=np.array(
    cat.getdata(), np.uint8).reshape(cat.size[1], cat.size[0], 3)

plt.subplot(121)
plt.imshow(arr)

# 图像压缩
arr1=arr[::5,::5,:]
plt.subplot(122)
plt.imshow(arr1)

plt.show()
```

在上面的程序中，对原图像进行了间隔采样，图像的尺寸会随之变小，清晰度也变差。

将上述程序在 Python IDLE 中运行，程序的执行结果如图 6-13 所示，可以看出来，右边经过压缩的图像中，秋千两边的木柱子已经出现锯齿状，图像的清晰度变差。

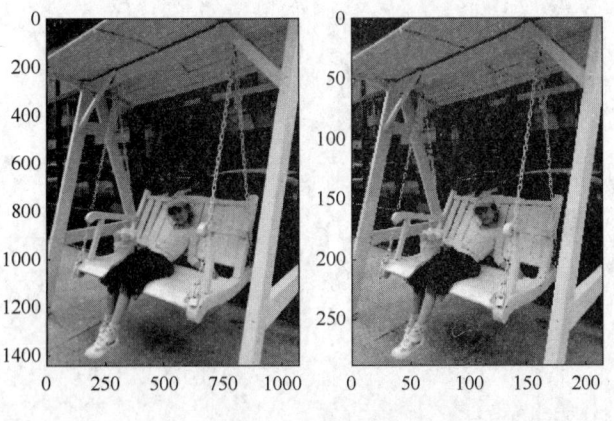

图 6-13 图像压缩

6.2.3 综合实例

【例 6-12】利用 cv2 给图像添加下雨天的效果。

使用 Python 的 cv2 模块,可以在图像中加入随机噪声,利用滤波器的方法给图像添加下雨的效果,使晴天无雨的照片变成烟雨蒙蒙的感觉。

噪声是指图像中多余或不需要的干扰信息。噪声会影响图像的清晰度,所以要对这些噪声进行处理。根据产生原因或产生的起源,可以将噪声分为不同的类型,随机噪声就是其中一种。随机噪声是由时间上随机产生的噪声,典型的噪声有高斯噪声和椒盐噪声等。

要给照片添加下雨天的雨丝,需要使用随机噪声给图像叠加仿真的雨滴运动轨迹,形成雨丝。

首先第一步是生成噪声,具体程序如下:

```
import cv2
import numpy as np


# value 的大小控制雨滴的多少
value=200
v=value *0.01


# 输入图像
img=cv2.imread('girl.jpg')
img=cv2.resize(img,None,fx=0.4,fy=0.4)
noise = np.random.uniform(0,256,img.shape[0:2])
# 取浮点数,控制噪声水平,只保留最大的一部分作为噪声
noise[np.where(noise<(256-v))]=0


# 噪声做初次模糊
k=np.array([ [0, 0.1, 0],
             [0.1, 8, 0.1],
             [0, 0.1, 0] ])


# 返回图像大小的模糊噪声图像
noise=cv2.filter2D(noise,-1,k)


# 显示噪声图像
cv2.imshow('img',noise)
cv2.waitKey()
cv2.destroyWindow('img')
```

程序运行后的效果如图 6-14 所示。

图 6-14　随机噪声

　　然后，将噪声拉长，也可以将噪声拉长后旋转其方向，用于模拟雨丝不同的长度和不同的方向。程序如下：

```
# 将噪声加上运动模糊，模仿雨丝

import cv2
import numpy as np

# length 是对角矩阵大小，表示雨滴的长度
length=50
# angle 是倾斜的角度，逆时针为正
angle=30
# w 表示雨滴大小
w=1

# 生成噪声
img=cv2.imread('girl.jpg')
img=cv2.resize(img,None,fx=0.4,fy=0.4)
value=200
noise=np.random.uniform(0,256,img.shape[0:2])
v=value *0.01
noise[np.where(noise<(256-v))]=0
k=np.array([ [0, 0.1, 0],
             [0.1,  8, 0.1],
```

```
                  [0, 0.1, 0] ])
       noise = cv2.filter2D(noise,-1,k)

       # 这里由于对角阵自带 45°的倾斜，逆时针为正，所以加了-45°的误差，保证开始为正
       trans = cv2.getRotationMatrix2D((length/2, length/2), angle-45,
       1-length/100.0)
       dig = np.diag(np.ones(length))           # 生成对角矩阵
       k = cv2.warpAffine(dig, trans, (length, length))   # 生成模糊核
       k = cv2.GaussianBlur(k,(w,w),0)          # 高斯模糊旋转后的对角核，使得雨有宽二

       blurred = cv2.filter2D(noise, -1, k) # 进行滤波

       # 转换到 0～255 区间
       cv2.normalize(blurred, blurred, 0, 255, cv2.NORM_MINMAX)
       blurred = np.array(blurred, dtype=np.uint8)

       cv2.imshow('img',blurred)
       cv2.waitKey()
       cv2.destroyWindow('img')
```

生成的雨丝效果如图 6-15 所示。

图 6-15　雨丝效果

　　可以利用图像加权，把雨丝图与原图叠加在一起，便可以得到下雨天的效果。因为雨丝图中背景色是黑色，所以叠加之后会使原图的亮度下降，但是可能更适合下雨天的阴暗效果，当然，如果想调节图像的亮度，可以参看上文中调整图像亮度的例子。将二

者叠加的代码如下：

```
# 输入雨滴噪声和图像
# alpha：原图比例因子
# 显示下雨效果
# chage rain into 3-dimenis
# 将二维 rain 噪声扩张为与原图相同的三通道图像
# 将噪声加上运动模糊，模仿雨丝


import cv2
import numpy as np


# length 是对角矩阵大小，表示雨滴的长度
length=50
# angle 是倾斜的角度，逆时针为正
angle=30
# w 表示雨滴大小
w=3


# 生成噪声
img = cv2.imread('girl.jpg')
img = cv2.resize(img,None,fx=0.4,fy=0.4)
value = 200
noise = np.random.uniform(0,256,img.shape[0:2])
v = value *0.01
noise[np.where(noise<(256-v))]=0
k = np.array([ [0, 0.1, 0],
               [0.1, 8, 0.1],
               [0, 0.1, 0] ])
noise = cv2.filter2D(noise,-1,k)


# 这里由于对角阵自带 45°的倾斜，逆时针为正，所以加了-45°的误差，保证开始为正
trans  = cv2.getRotationMatrix2D((length/2, length/2), angle-45,
1-length/100.0)
dig = np.diag(np.ones(length))    # 生成对角矩阵
k = cv2.warpAffine(dig, trans, (length, length))  # 生成模糊核
k = cv2.GaussianBlur(k,(w,w),0)      # 高斯模糊旋转后的对角核，使得雨有宽度


blurred = cv2.filter2D(noise, -1, k)    # 进行滤波


# 转换到 0～255 区间
```

```
cv2.normalize(blurred, blurred, 0, 255, cv2.NORM_MINMAX)
blurred = np.array(blurred, dtype=np.uint8)

alpha = 0.9

rain = np.expand_dims(blurred,2)
rain = np.repeat(rain,3,2)

# 加权合成新图
result = cv2.addWeighted(img,alpha,rain,1-alpha,1)
cv2.imshow('rain_effct',result)
cv2.waitKey()
cv2.destroyWindow('rain_effct')
```

生成的图像效果如图 6-16 所示。

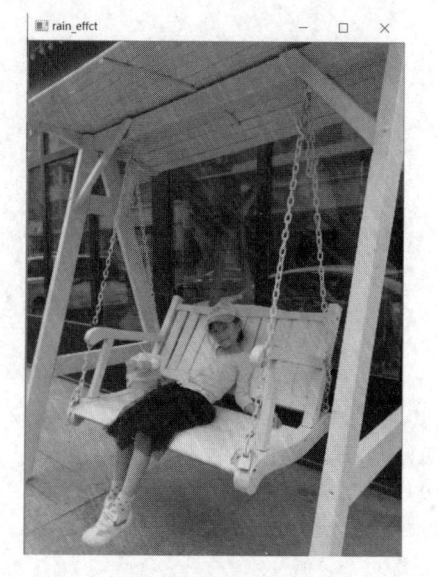

图 6-16　最终效果图

将上述程序写成函数的形式整理后，完整代码如下：

```
import cv2
import numpy as np

def get_noise(img,value=10):
    noise = np.random.uniform(0,256,img.shape[0:2])
    v = value *0.01
    noise[np.where(noise<(256-v))]=0
```

```
            k = np.array([ [0, 0.1, 0],
                           [0.1, 8, 0.1],
                           [0, 0.1, 0] ])
            noise = cv2.filter2D(noise,-1,k)
            return noise
        def rain_blur(noise, length=10, angle=0,w=1):
            trans = cv2.getRotationMatrix2D((length/2, length/2), angle-45,
1-length/100.0)
            dig = np.diag(np.ones(length))
            k = cv2.warpAffine(dig, trans, (length, length))
            k = cv2.GaussianBlur(k,(w,w),0)
            blurred = cv2.filter2D(noise, -1, k)
            cv2.normalize(blurred, blurred, 0, 255, cv2.NORM_MINMAX)
            blurred = np.array(blurred, dtype=np.uint8)
            return blurred
        def alpha_rain(rain,img,beta = 0.8):
            rain = np.expand_dims(rain,2)
            rain_effect = np.concatenate((img,rain),axis=2)
            rain_result = img.copy()
            rain = np.array(rain,dtype=np.float32)
            rain_result[:,:,0]= rain_result[:,:,0] * (255-rain[:,:,0])/255.0
+ beta*rain[:,:,0]
            rain_result[:,:,1] = rain_result[:,:,1] * (255-rain[:,:,0])/255 +
beta*rain[:,:,0]
            rain_result[:,:,2] = rain_result[:,:,2] * (255-rain[:,:,0])/255 +
beta*rain[:,:,0]
            cv2.imshow('rain_effct_result',rain_result)
            cv2.waitKey()
            cv2.destroyAllWindows()
        def add_rain(rain,img,alpha=0.9):
            rain = np.expand_dims(rain,2)
            rain = np.repeat(rain,3,2)
            result = cv2.addWeighted(img,alpha,rain,1-alpha,1)
            cv2.imshow('rain_effct',result)
            cv2.waitKey()
            cv2.destroyWindow('rain_effct')
        img = cv2.imread('girl.jpg')
        img=cv2.resize(img,None,fx=0.4,fy=0.4)
        noise = get_noise(img,value=500)
        rain = rain_blur(noise,length=50,angle=-30,w=3)
        add_rain(rain,img)
```

◀ **拓展项目** ▶

题目：基于例 6-12，将图 6-16 中雨滴的效果改变方向，使得雨丝向左方落下。
要求：在本项目程序基础上进行修改，使雨丝效果如图 6-17 所示。

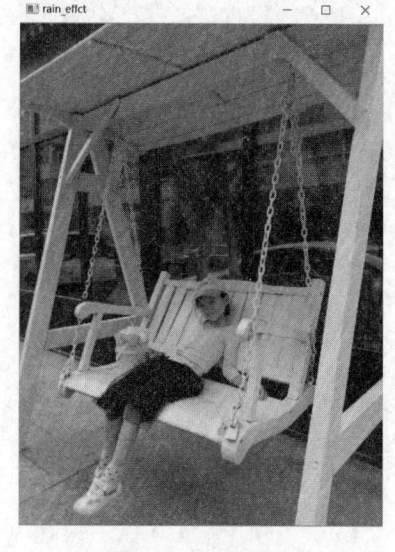

图 6-17　运行结果

课 后 练 习

将图像进行截取，截取前后效果如图 6-18 所示。

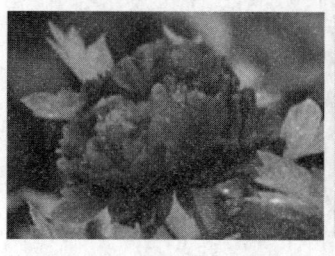 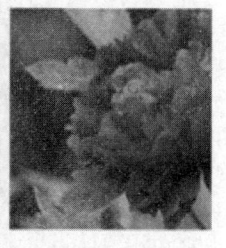

图 6-18　图像截取前后对比

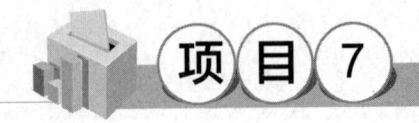

雨是揉碎的诗

▶ 项目背景

　　动画是表现各种变化趋势的有趣方式。与静态图相比，动画更能说明问题，也更容易被理解和接受。动态图可以更好地用于描述气候变化、股票价格、房价走势、学生成绩提高程度等随时间、季节等趋势性时间变化的序列数据。从动态图中才能更好地观察到某数据是如何随时间或其他参数而变化的。

▶ 学习目标

※知识目标

- 掌握 FuncAnimation 类及方法。
- 掌握 ArtistAnimation 类及方法。
- 理解两种动画的制作原理。

※能力目标

- 能够根据实际情况选择不同的类绘制动画。
- 能够修改参数值。
- 能够保存动画。

※素质目标

- 错误处理能力。
- 模块分析能力。
- 团队组织能力。

◀ **项目实现** ▶

◆ 【项目描述】▶

雨是揉碎的诗，诗是绵延的雨。本项目实现用动画来模拟雨落到地面的景象。该动画的绘制是利用 matplotlib 模块开发的，由于雨滴到地面是一个一个没有规律散落的点，所以可以通过散点图来模拟雨滴到地面上的样子。当然，用于可视化开发的工具还有不少，如 Plotly、Bokeh、Altair 等，也都能实现动画及交互功能，但最常用的还是 matplotlib。

本项目实现的思路如下：

1）设置雨滴显示的场景，将原 figure 的背景色设置为绿色，含义为雨滴落在碧绿的池塘中；

2）设置雨滴的数量及其大小；

3）设置雨滴出现的位置，要设置为随机正态分布，以符合自然规律；

4）设置雨滴的透明度，要从不透明到完全透明，使其更像是雨滴从落下到消失的状态；

5）生成散点图，在 scatter()函数中将相应参数设置为前面设定的雨滴的位置及颜色；

6）编写 raining()函数，重新生成雨滴；

7）调用 animation.FuncAnimation()函数生成 gif 动画。

本项目的任务是利用散点图绘制类似雨滴的点，然后将雨滴不断更新，生成新的状态，最后由生成动画的函数调用更新函数，生成动态图，获得下雨的视觉效果。

项目结果如图 7-1 所示，即在一张画布中显示了雨滴的效果。这里只能显示动画中的一帧，读者可以自行运行程序，便可以看到动态效果。

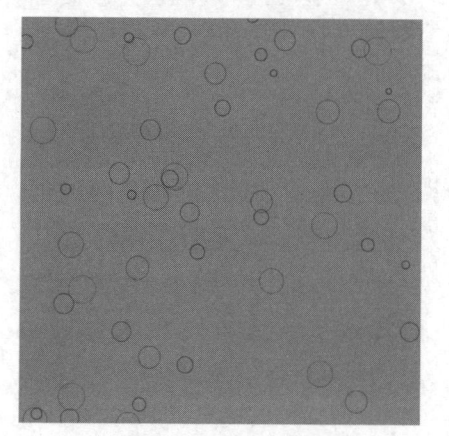

图 7-1　雨滴的效果

【项目分析】

本项目通过散点图巧妙地制作了雨落在池塘中的场景,通过 numpy 模块生成随机正态数据,模拟雨随机的落点。通过最基本的方法,生成了最唯美的动画,使读者便于掌握相关模块的功能。

1. 图形概念

雨滴的形状是正圆形的点,刚落下时比较小,随着它渐渐下落,圆点会越来越大越来越浅,直至消失。可以通过设置散点的透明度来实现这一特效,形象地模拟雨落下的美景。

2. 图形元素分析

由图 6-1 可以看出,散点的大小不一,颜色深浅不一,这些就是通过散点的随机大小和改变其透明度形成的。

3. 技术分析

散点图的生成主要是点的位置和大小,雨滴从落下到消失的效果主要是通过持续不断地改变散点的状态生成的,因此要用函数实现雨滴形态的改变,从而实现这一特效。

【项目实操】

该程序最早是由 Nicolas P. Rougier 于 2015 年开发的,本书在此基础上将其改写成初学者易于接受的程序,但程序的实现相对前面项目依然比较复杂。这里用到了自定义函数,并且要在生成动画的函数中调用它。具体程序如下:

```
# -----------------------------------------------------------------
# Copyright (c) 2015, Nicolas P. Rougier. All Rights Reserved.
# Distributed under the (new) BSD License. See LICENSE.txt for more
info.
# -----------------------------------------------------------------
import numpy as np
import matplotlib.pyplot as plt
from matplotlib import animation

# 声明一个新的 figure,其大小为 6*6
# 并设置背景色为 mediumseagreen,雨滴落在碧绿的池塘中
fig = plt.figure(figsize=(6,6), facecolor='mediumseagreen')
```

```
# 将坐标系覆盖整个 figure，并且设置为无边框，宽高比为 1:1
ax = fig.add_axes([0, 0, 1, 1], frameon=False, aspect=1)

# 雨滴的数量为 60
n = 70
# 设置雨滴大小的最大值与最小值
size_min = 35
size_max = 35**2

# 雨滴出现的位置
pos = np.random.uniform(0, 1, (n,2))

# 雨滴的颜色
color = np.ones((n,4)) * (0,0,0,1)

# 设置雨滴颜色的透明度，从不透明到完全透明
color[:,3] = np.linspace(0, 1, n)

# 雨滴的大小，其值范围是[35,35**2]
size = np.linspace(size_min, size_max, n)

# 生成散点图
scat = ax.scatter(pos[:,0], pos[:,1], s=size, lw=0.5,
                  edgecolors='White', facecolors='None')

# 使 x、y 的刻度范围与雨滴出现的位置 pos 相同，都在[0,1]之间
# 并且去掉坐标轴的显示
ax.set_xlim(0, 1), ax.set_xticks([])
ax.set_ylim(0, 1), ax.set_yticks([])

#
def update(frame):
    global pos, color, size

    # 将每个雨滴设置为更透明，并且更大
    # 也就是雨滴消失时的状态
    color[:, 3] = np.maximum(0, color[:,3]-1.0/n)
    size += (size_max - size_min) / n

    # 重设雨滴
```

```
i = frame % 50
pos[i] = np.random.uniform(0, 1, 2)
size[i] = size_min
color[i, 3] = 1

# 更新散点图对象的三个属性
scat.set_edgecolors(color)
scat.set_sizes(size)
scat.set_offsets(pos)

# 将更新后的散点值返回
return scat,

# 每隔 30ms 生成一次散点图，形成动态效果
# interval 值的大小决定雨滴显示的速度
anim = animation.FuncAnimation(fig, update, interval=30, blit=True,
frames=200)

plt.show()
```

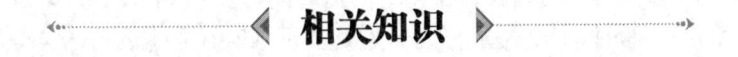

相关知识

7.1　动画制作相关概念

　　程序对数据处理后，如果能用动画将处理过程或处理结果显示出来，就会特别容易理解程序到底是怎么执行的或在做什么。而用 Python 实现动画制作的方式有多种，其中最主流的方法还是用 matplotlib 模块实现，matplotlib 中就带有专门用于动画制作的类及方法。

　　从 matplotlib 1.1 版本起，就已经添加了动画制作的框架，虽然该库中关于动画的函数有限，但是也可以满足正常需要。该框架中关于动画的类是 matplotlib.animation.Animation，该类的基类是 TimedAnimation，而该类又有针对不同类型动画的 ArtistAnimation 以及 FuncAnimation 两个子类。生成动画后还可以保存到本地磁盘中，动画可以保存为 mp4 或者 gif 类型，这需要安装相应版本的 ffmpeg 或者 mencoder。

　　使用这些类及函数可以很轻松地调用其中的动画生成类来创建动画，并且可以制作一些特别有意思的动画。将数据变为动态图像展示出来，是我们研究数据科学的一种有趣的方式。相比于静态的数据及图表，人们总是更容易被动态的或者能够交互的画面吸引。

另外，利用以上类不仅可以创建普通动画，还可以创建三维动画。除了这些类可以制作动画之外，Pygame 中的 sprite 库也可以制作动画，OpenGL 也可以制作动画，当然也不仅限于这些，但本项目只介绍 animation 相关类及函数。

本项目巧妙地结合了散点图及动画制作实现了雨滴效果，包含了前期学习的图形概念以及动画绘制技巧，实现了漂亮的图形效果，拓展了读者的知识融合度，并对动画绘制有了具体的认识。

7.2 FuncAnimation 类

7.2.1 函数及参数介绍

FuncAnimation 类本质上就是 matplotlib 提供的绘制动画的接口。对于接口或者类来说，需要了解其构造函数中的参数。FuncAnimation 类的构造方法为：

```
Def __init__(self, fig, func, frames=None, init_func=None, fargs=None,
    save_count=None, interval, repeat_delay, repeat, blit, **kwargs):
```

其中，参数 self 的含义就不用介绍了，其他参数的含义如下：

- fig 就是 matplotlib 模块中定义的画布对象，也就是前面项目中画图使用的 figure，即创建的动画要在这个 figure 对象 fig 中显示。
- func 叫作回调函数。动画就是在特定的短时间内显示多个图形形成的连贯视觉效果，其中显示的每一个图形称为一帧，要形成动画则每显示一帧就要调用一次 func 函数，也就是回调函数。每更新一次画面，就要调用一次这个函数，所以在这个函数中更新 figure 中的数值就可以，它是动态更新 figure 的根本。
- frames 是帧的取值范围，即画面每展示一次就在 frames 中取一次值。frames 可以取的值有 iterable、generator 等可迭代的值，当然也可以取 int 或 None。只要 frames 的值是一个可迭代的取值范围即可，如 list 类型。
- init_func 用于初始化画布中的初始画面。
- fargs 是在 func 回调函数中附加的参数，默认值为 None。
- save_count 是指缓存的帧的数量，是个整数。
- interval 指 2 帧之间的时间间隔，默认值是 200，单位是 ms。
- repeat_delay 是指当动画重复播放时，前后两次播放之间的时间延迟，单位也是 ms，取值是整数。
- repeat 是布尔类型的可选参数，表示当前动画重复播放与否，默认值是 True，即重复播放。
- blit 也是布尔类型的可选参数，用于控制动画绘制的优化是否是 blitting。默认值是 False。

在这里，参数 func 和 frames 最为关键，func 每隔 interval 时间接收一次 frames 的值，一直到 frames 中所有的值迭代完毕为止。

当动画生成后，可以将它保存到本地磁盘中，保存的格式可以是 gif 也可以是 mp4。保存动画的函数为 animation.FuncAnimation.save()，该函数中的参数如下：

```
def save(self,
        filename,
        writer=None,
        fps=None,
        dpi=None,
        codec=None,
        bitrate=None,
        extra_args=None,
        metadata=None,
        extra_anim=None,
        savefig_kwargs=None)
```

大部分参数这里不再详细分析，只介绍保存动画最重要的参数 writer。如果要将动画保存为 gif 类型，则必须在程序所在的计算机中安装 pillow 模块，其安装方法与其他模块一样，只需要在 DOS 命令行中运行 pip install pillow 命令即可；如果要保存为 mp4 格式，则对应的模块为 ffmpeg，并且要在 save() 函数中将 writer 的值给定为 ffmpeg。

7.2.2　实例

利用 FuncAnimation 类可以绘制多种多样的动画，下面由简单到复杂进行介绍。说明：实例中截取的图形都是静态的二维图，真正的动态图保存在教材附带的资源中，读者可以进行下载观看，或者运行示例代码查看绘制的动画。

首先绘制最常见的正弦曲线。

【例 7-1】绘制一个动态正弦曲线，并将该动画保存为 sinAnim.gif。

具体程序如下：

例 7-1 实操

```
import numpy as np
from matplotlib import pyplot as plt
from matplotlib import animation
import matplotlib

fig = plt.figure()                          # 生成画布对象
ax = plt.axes(xlim=(0, 2), ylim=(-2, 2))    # 生成坐标系
line, = ax.plot([], [], lw=2)               # 初始化线形图

def init():
```

```
        line.set_data([], [])
        return line,

    def animate(i):
        # linespace(起始值(start),终止值(stop),数量(num))
        x = np.linspace(0, 2, 1000)
        y = np.sin(2 * np.pi * (x - 0.01 * i))
        line.set_data(x, y)
        return line,

    anim = animation.FuncAnimation(fig, animate, init_func=init, frames=
200, interval=20, blit=True)
    anim.save('sinAnim.gif', fps=75, writer='pillow')
    plt.show()
```

在上面的程序中，首先实例化 figure 对象用于放置动画，然后在该 figure 对象上初始化坐标系，并初始化要绘制的线形图。

init() 函数用于初始化 line 曲线，animate() 函数用于返回一帧的曲线图。在 animation.FuncAnimation() 函数中，animate() 函数用于回调，每生成一帧就执行一次。每两帧之间的时间间隔是 20ms，即每隔 20ms 就迭代一次，迭代所得到的值是根据参数 frames 获得的。在上面的例子中 frames=200，即 frames 的取值范围是[0,199]，每 20ms 迭代的值依次为[0,199]中的每个整数值。循环执行，便生成一个正弦动画图形。

将上述程序在 Python IDLE 中运行后，所绘制的图形中的一帧如图 7-2 所示。

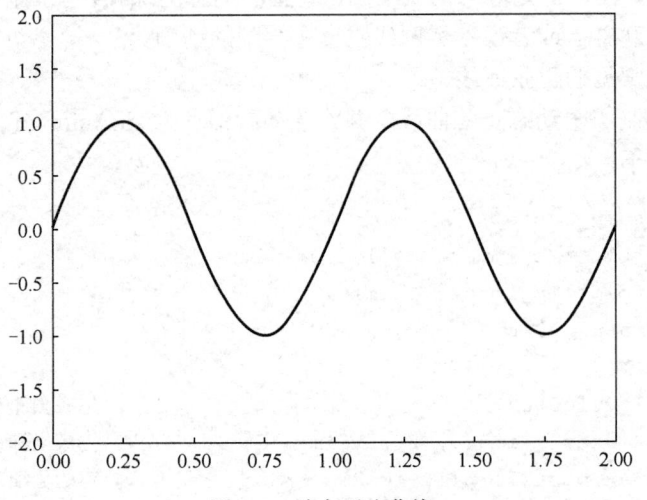

图 7-2　动态正弦曲线

除了生成图 7-2 所示的动态线形图外，还可以使一个点或图形沿某指定线路移动，使动画形式更加灵活有趣。

【例 7-2】在正弦函数图形上生成一个动态的点，该点沿着正弦图形轨迹进行移动。具体程序如下：

例 7-2 实操

```python
import numpy as np
import matplotlib
import matplotlib.pyplot as plt
import matplotlib.animation as animation


# 绘制普通的正弦曲线图
x = np.linspace(-2*np.pi, 2*np.pi, 100)
y = np.sin(x)

fig = plt.figure(tight_layout=True)
plt.plot(x,y)
plt.grid(ls="--")     # 显示网格线


# 更新数据点的位置
def update_points(num):
    '''
    更新数据点
    '''
    point_ani.set_data(x[num], y[num])
    return point_ani,
# 绘制数据点用来运行的正弦曲线
x = np.linspace(-2*np.pi, 2*np.pi, 100)
y = np.sin(x)

fig = plt.figure(tight_layout=True)
plt.plot(x,y)
point_ani, = plt.plot(x[0], y[0], "ro")
plt.grid(ls="--")
# 开始制作动画
ani = animation.FuncAnimation(fig, update_points, np.arange(0, 100),
interval=100, blit=True)
# 保存动画
# ani.save('sin_test2.gif', writer='pillow', fps=10)
plt.show()
```

在上面的程序中，其实绘制了两个图像，前一个是普通的正弦曲线，然后从函数 update_point()开始才是绘制动画。

update_point()函数用来生成沿曲线运行的数据点，animation.FuncAnimation()函数用来生成动画。在生成动画的函数中反复回调 update_point()函数，其参数 num 的值由 np.arange(0,100)提供。

该动画程序在本质上就是不停地生成 np.arange(0,100)范围内的数据点，并在 100ms 内完成，视觉效果就是该数据点跑起来了，完成了动画的效果。

将上述程序在 Python IDLE 中运行后，所绘制的图形中的一帧如图 7-3 所示。

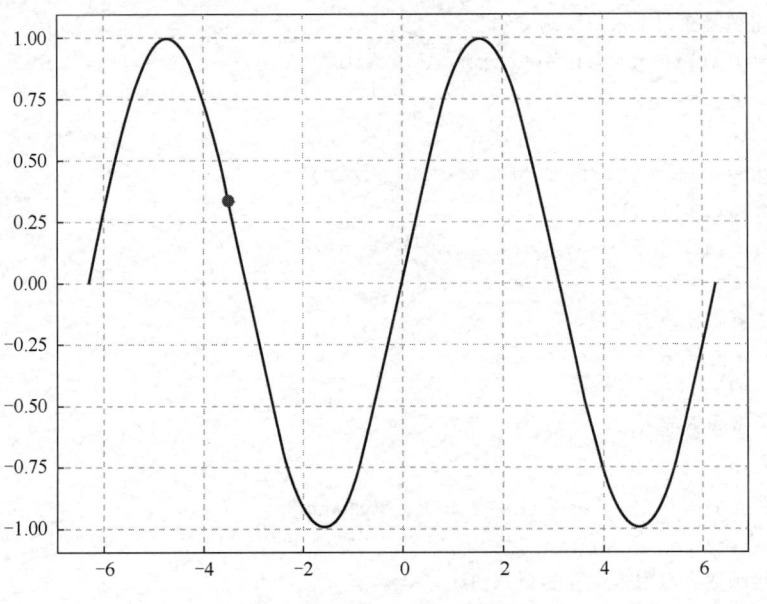

图 7-3　沿固定线路运行的点

上面的动画效果比较简单，可以在图中添加一些注释性的文本，用来说明点所在的坐标位置，使图所要表达的数据信息更清晰；也可以随着数据点所在的不同位置改变该点的形状，使动画更加精彩有趣，更加吸引注意。

【例 7-3】添加数据点的坐标显示，并改变数据点的形状。

具体程序如下：

```
import numpy as np
import matplotlib
import matplotlib.pyplot as plt
import matplotlib.animation as animation

x = np.linspace(-2*np.pi, 2*np.pi, 100)
```

例 7-3 实操

```
    y = np.sin(x)

    fig = plt.figure(tight_layout=True)
    plt.plot(x,y)
    plt.grid(ls="--")

    # 添加一些条件
    def update_points(num):
        if num%5==0:
            point_ani.set_marker('o')
            point_ani.set_markersize(15)
        else:
            point_ani.set_marker('*')
            point_ani.set_markersize(6)
point_ani.set_data(x[num], y[num])
    # 添加文字
        text_pt.set_text('x=%.3f,y=%.3f'%(x[num], y[num]))
        return point_ani,text_pt,

    x = np.linspace(-2*np.pi, 2*np.pi, 100)
    y = np.sin(x)

    fig = plt.figure(tight_layout=True)
    plt.plot(x,y)
    point_ani, = plt.plot(x[0], y[0], "ro")
    plt.grid(ls="--")
    text_pt=plt.text(5,0.8,'',ha='center',fontsize=10)
    # 开始制作动画
    ani = animation.FuncAnimation(fig, update_points, np.arange(0, 100),
interval=100, blit=True)

    # ani.save('sin_test2.gif', writer='imagemagick', fps=10)
    plt.show()
```

在上面的程序中，只需要在 update_points()函数中添加一些条件，就可以完成特效。

首先，在这里添加的特效是当 num 的值是 5 的倍数时，将数据点的形状设置为圆形，并且点较大；当 num 的值不是 5 的倍数时，将数据点的形状设置为星形，并且点较小。

其次，在画布上添加了数据点的坐标显示，使用的函数为 plt.text()。需要注意的是该文字所在的位置，这里将 ha 设置为 center，否则可能会显示不完整。

将上述程序在 Python IDLE 中运行后，所绘制的图形中的两帧如图 7-4 所示。

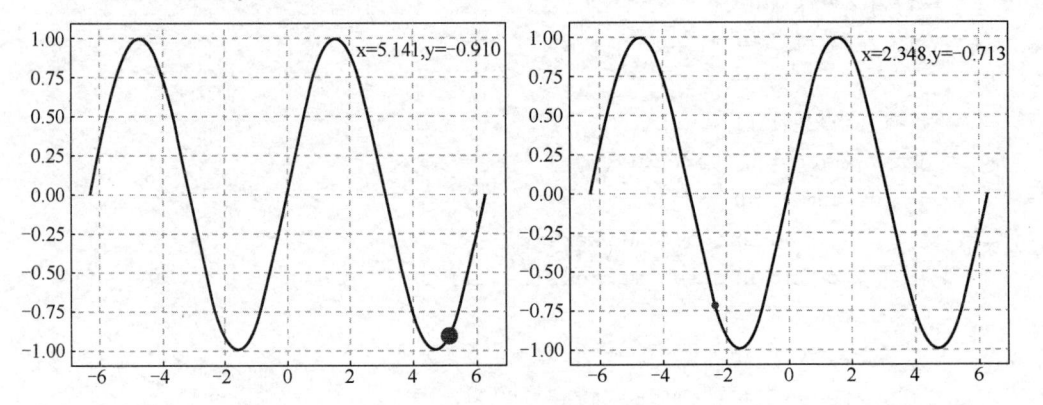

图 7-4　添加特效

【例 7-4】改进上面的程序，使数据点的坐标随着数据点移动。

要想数据点的坐标随着数据点移动，只需要在 update_points()函数中添加一些语句就可以，即将 update_points()函数修改为如下：

例 7-4 实操

```
def update_points(num):
    if num%5==0:
        point_ani.set_marker('o')
        point_ani.set_markersize(15)
    else:
        point_ani.set_marker('*')
        point_ani.set_markersize(6)
    point_ani.set_data(x[num], y[num])
    text_pt.set_text('x=%.3f,y=%.3f'%(x[num], y[num]))
    text_pt.set_position((x[num], y[num]))
    return point_ani,text_pt,
```

即要实现坐标随动的效果，只需要将坐标文字的位置设置为数据点的坐标 (x[num],y[num])即可。

将上述程序在 Python IDLE 中运行后，所绘制的图形中的一帧如图 7-5 所示。

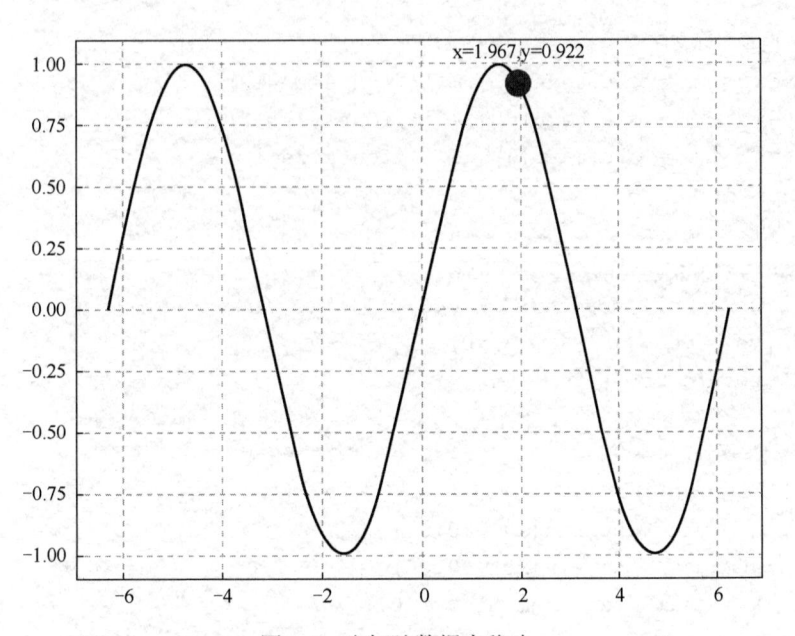

图 7-5　坐标随数据点移动

【例 7-5】给曲线添加切线，并实现切线沿曲线运动。

不论什么样的图形运动，都只需要将它放在更新函数中就可以了。具体程序如下：

```python
import numpy as np
import matplotlib.pyplot as plt
import matplotlib.animation as animation

# 画布实例化
fig = plt.figure()
# 添加网格
plt.grid(ls='--')

# 正弦函数
x = np.linspace(0,2*np.pi,100)
y = np.sin(x)

# 绘制图像，设置为红色
crave_ani = plt.plot(x,y,'red',alpha=0.5)[0]

# 绘制曲线上的切点，将点设置为绿色
point_ani = plt.plot(0,0,'g',alpha=0.4,marker='o')[0]
```

例 7-5 实操

```
# 设置坐标文字
xtext_ani = plt.text(5,0.8,'',fontsize=12)
ytext_ani = plt.text(5,0.7,'',fontsize=12)
ktext_ani = plt.text(5,0.6,'',fontsize=12)

# 切线函数
def tangent_line(x0,y0,k):
    xs = np.linspace(x0 - 0.5,x0 + 0.5,100)
    ys = y0 + k * (xs - x0)
    return xs,ys

# 斜率函数
def slope(x0):
    num_min = np.sin(x0 - 0.05)
    num_max = np.sin(x0 + 0.05)
    k = (num_max - num_min) / 0.1
    return k

# 画切线
k = slope(x[0])
xs,ys = tangent_line(x[0],y[0],k)
tangent_ani = plt.plot(xs,ys,c='blue',alpha=0.8)[0]

# 更新数据
def updata(num):
    k=slope(x[num])
    xs,ys = tangent_line(x[num],y[num],k)
    tangent_ani.set_data(xs,ys)
    point_ani.set_data(x[num],y[num])
    xtext_ani.set_text('x=%.3f'%x[num])
    ytext_ani.set_text('y=%.3f'%y[num])
    ktext_ani.set_text('k=%.3f'%k)
    return [point_ani,xtext_ani,ytext_ani,tangent_ani,k]

ani = animation.FuncAnimation(fig=fig,func=updata,frames=np.arange
(0,100),interval=100)
    # ani.save('sin_x.gif')
    plt.show()
```

要实现图的动态效果，首先要将初始的静态图像绘制出来。也就是说，要实现正弦

函数的动态切线运动，首先要在静态的正弦曲线基础上，将曲线第一个点的切线作为初始图形，然后将切线和对应的切点变化，便形成动态效果。因此只需要将切线及其切点放入更新函数中即可。

在程序中，使用 crave_ani、tanget_ani 和 point_ani 三个变量表示从 plot()函数中返回的三个值。plot()函数可以同时绘制多个对象（例如两条曲线同时绘制时），它的返回是一个列表，因此我们需要使用列表的方式来获得其中的元素。在 crave_ani 后加逗号，就是用来从 plot()函数的返回值列表中获取第一个列表元素。

将上述程序在 Python IDLE 中运行后，所绘制的图形中的一帧如图 7-6 所示。

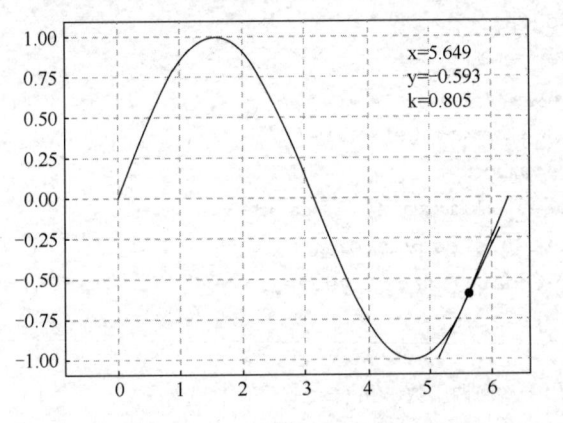

图 7-6　切线随切点移动

【例 7-6】绘制一个振幅不断变化的正弦曲线图，形成动态的效果。
具体程序如下：

```python
import numpy as np
import matplotlib.pyplot as plt
import matplotlib.animation as animation

# 为绘图做准备，初始化坐标等参数
fig, ax = plt.subplots()
line, = ax.plot([], [], lw=2)
ax.set_ylim(-1.1, 1.1)
ax.set_xlim(0, 5)
ax.grid()
xdata, ydata = [], []

# 更新数据
def data_update():
    t = data_update.t
    cnt = 0
```

```
    while cnt < 1000:
        cnt+=1
        t+=0.05
        yield t, np.sin(2*np.pi*t) * np.exp(-t/10.)
data_update.t = 0


# 回调函数 run()
def run(data):
    # 更新数据
    t,y = data
    xdata.append(t)
    ydata.append(y)
    xmin, xmax = ax.get_xlim()
    if t >= xmax:
        ax.set_xlim(xmin, 2*xmax)
        ax.figure.canvas.draw()
    line.set_data(xdata, ydata)
    return line,


# 每 10s 调用一次回调函数 run()
ani = animation.FuncAnimation(fig, run, data_update, blit=True,
                              interval=10, repeat=False)


plt.show()
```

在上面的程序中，run()函数是回调函数，每次调用时都将 data_update()函数的返回值传入，将新的 t 和根据 t 调整了振幅的正弦曲线传递给 run()函数，生成新的正弦曲线。

将上述程序在 Python IDLE 中运行后，会生成动态的、不同振幅的多个曲线图，如图 7-7 所示。

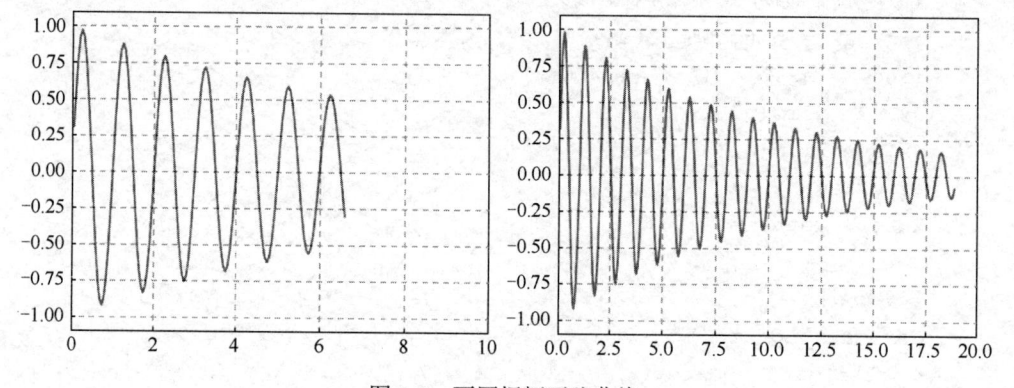

图 7-7　不同振幅正弦曲线

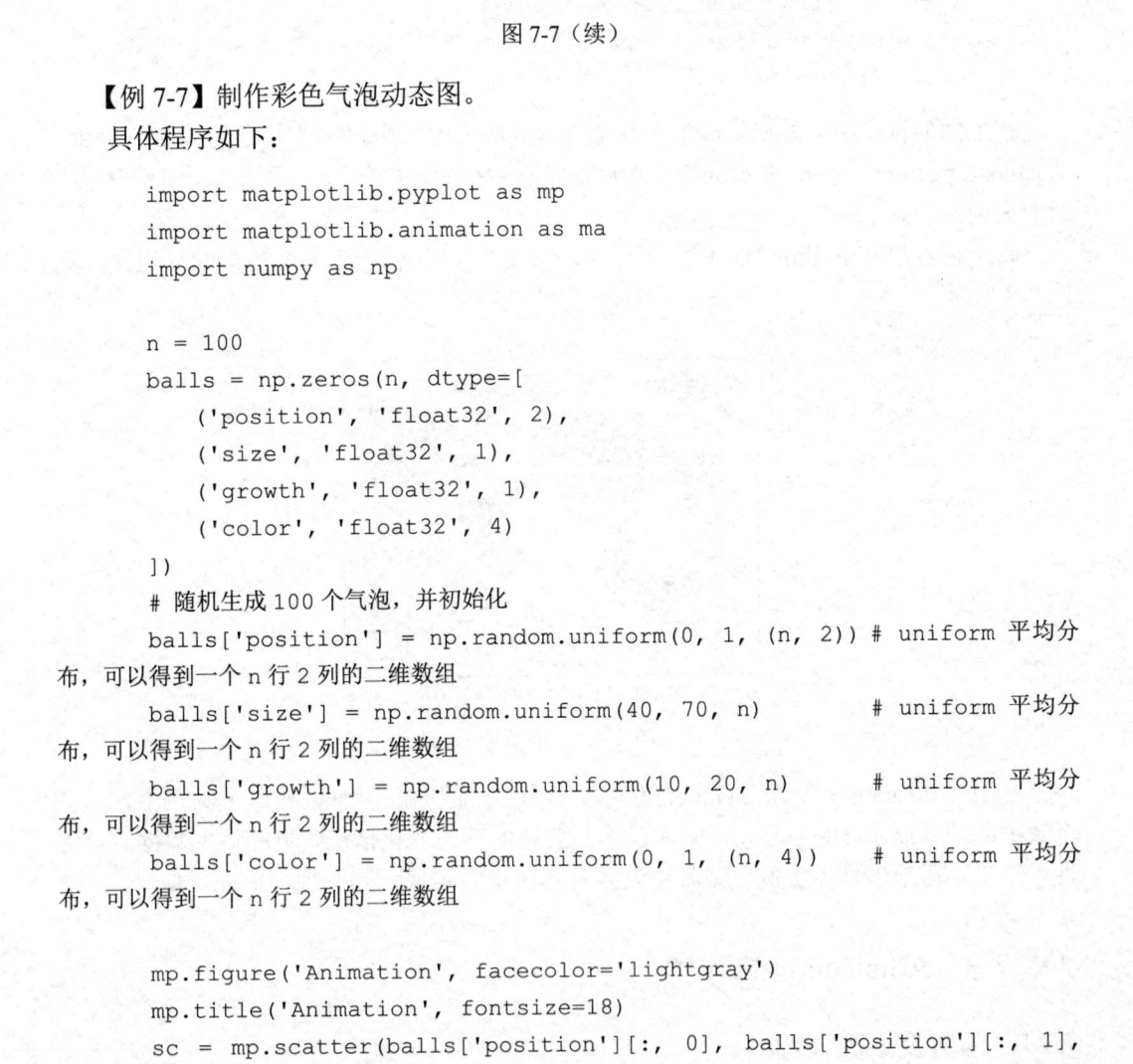

图 7-7（续）

【例 7-7】制作彩色气泡动态图。

具体程序如下：

```python
import matplotlib.pyplot as mp
import matplotlib.animation as ma
import numpy as np

n = 100
balls = np.zeros(n, dtype=[
    ('position', 'float32', 2),
    ('size', 'float32', 1),
    ('growth', 'float32', 1),
    ('color', 'float32', 4)
])
# 随机生成 100 个气泡, 并初始化
balls['position'] = np.random.uniform(0, 1, (n, 2)) # uniform 平均分
布, 可以得到一个 n 行 2 列的二维数组
balls['size'] = np.random.uniform(40, 70, n)        # uniform 平均分
布, 可以得到一个 n 行 2 列的二维数组
balls['growth'] = np.random.uniform(10, 20, n)      # uniform 平均分
布, 可以得到一个 n 行 2 列的二维数组
balls['color'] = np.random.uniform(0, 1, (n, 4))    # uniform 平均分
布, 可以得到一个 n 行 2 列的二维数组

    mp.figure('Animation', facecolor='lightgray')
    mp.title('Animation', fontsize=18)
    sc = mp.scatter(balls['position'][:, 0], balls['position'][:, 1],
balls['size'], color=balls['color'])
```

```
# 每隔30ms，更新每个泡泡的大小

def update(number):
    balls['size'] += balls['growth']
    # 每次都选中1个气泡重新随机属性
    index = number % n
    balls[index]['size'] = np.random.uniform(40, 70, 1)
    balls[index]['position'] = np.random.uniform(0, 1, (1, 2))
    # 重新绘制所有点
    sc.set_sizes(balls['size'])
    sc.set_offsets(balls['position'])
anim = ma.FuncAnimation(mp.gcf(), update, interval=1)
mp.show()
```

在上面的程序中，随机生成了100个气泡并放入数组中，每个气泡包含4个属性，即 color、position、size 和 growth，然后在画布中绘制这些气泡，并用动画演示气泡不断变大的过程。

将上述程序在 Python IDLE 中运行后，会生成大小不一、缤纷多彩的气泡图，如图 7-8 所示。

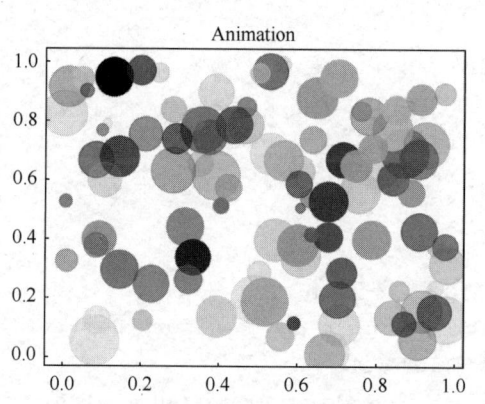

图 7-8　气泡动画

利用 animation.FuncAnimation() 也可以制作多子图动画，可以在一个画布中显示多个数据的动态展示，例如显示同一时段多只股票的动态变化情况，更能体现数据的对比性。这里不再给出具体实例，读者可以参考其他资料实现，其原理与前面类似。

7.3　ArtistAnimation 类

7.3.1　函数及参数介绍

FuncAnimation 类虽然可以制作出很多精美的动画，但是一次回调函数只能更新一

个数据点，如果想要一次更新多个数据点的坐标值，FuncAnimation 类就无能为力了。

　　ArtistAnimation 类在每帧动画中都可以更新多个 artist 对象。它是基于帧的创建动画的方法，每帧画面都对应着 artist 的列表，而这个列表中的所有值都在这一帧中显示出来。而所有的列表组成了一个更大的列表 artists，artists 中的每个元素 artist 表示每一帧中的所有 artist 对象，从而生成一幅完整的动态图形。

　　二者的区别是，FuncAnimation 类生成动画的方式是利用函数实现，而ArtistAnimation 类则是利用一幅一幅的图像，即用一帧一帧的数据生成动画，所以ArtistAnimation 类更容易定制特定的动画效果。

　　首先来看 ArtistAnimation 类的构造函数，具体如下：

```
# ArtistAnimation 类的构造函数
animation.ArtistAnimation(fig,
                          artists,
                          interval=200,
                          repeat=True,
                          repeat_delay=None,
                          blit=False)
```

具体参数含义如下：

- fig：画布对象，使用 plt.figure()就可以得到。
- artists：大的列表，里面有许多子列表，每个子列表存储了这一帧所有的 artist 对象。
- interval：帧间隔，单位为 ms。
- repeat：是否重复播放，布尔型参数。
- repeat_delay：每次动画播放后的时间间隔，单位为 ms。
- blit：是否将一个平面的部分或全部图像复制到另一个平面。可以设置为 True 或 False，默认值为 False。

　　由于 plot()函数的返回值类型是列表，因此在一帧中添加 artist 的时候是相加，不能使用 append()函数，只有添加元素的时候才能使用 append()函数，否则程序会报下面的错误：

```
'list' object has no attribute 'set_visible'
```

7.3.2　实例

　　本节介绍利用 ArtistAnimation 生成由多帧画面构成的动画，程序比较简单，容易理解。

　　【例 7-8】基本 ArtistAnimation 动画。

　　具体程序如下：

```
import matplotlib.pyplot as plt
import matplotlib.animation as animation


if __name__ == '__main__':
```

```
x = [1,2,3,4,5,6,7,8,9,10,11,12,13,14,15]
y = [1,2,3,4,5,6,7,8,9,10,11,12,13,14,15]

fig = plt.figure()
plt.xlim(0, 15)
plt.ylim(0, 20)

artists = []
# 一共生成20帧，每帧15个点
for i in range(20):
    frame = []
    for j in range(15):
        # +=，而不是 appand
        frame += plt.plot(x[j], y[j]+i, "o")
    artists.append(frame)

ani = animation.ArtistAnimation(fig=fig, artists=artists,
                        repeat=True, interval=10)
plt.show()
```

上面的程序中，在 for 循环中一共生成 20 帧，每帧 15 个数据点。每帧的数据点都是利用 "+" 添加到小列表中的，也就是列表的连接。程序简单清晰。

将上述程序在 Python IDLE 中运行后，所绘制的图形中的一帧如图 7-9 所示。

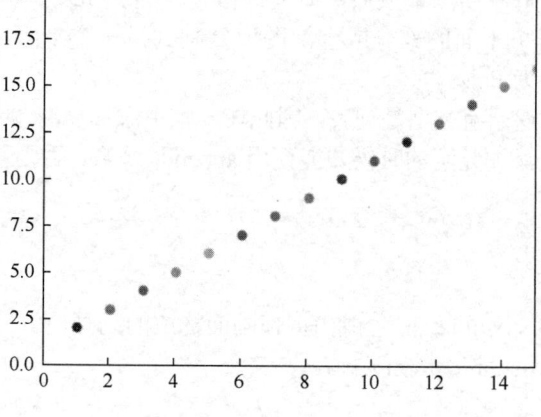

图 7-9   ArtistAnimation 动画

【例 7-9】把上面程序中的数据点改成线段，制作动态线段图像，并生成动态标题。具体程序如下：

```
import matplotlib.pyplot as plt
```

```
from matplotlib import animation
import numpy as np

a = np.random.rand(10,10)

fig, ax=plt.subplots()
container = []
# 在 container 中放入多个帧
for i in range(a.shape[1]):
    line, = ax.plot(a[:,i])
    title = ax.text(0.5,1.05,"Title {}".format(i),
                    size=plt.rcParams["axes.titlesize"],
                    ha="center", transform=ax.transAxes, )
    # 每帧中有一个小列表，存放该帧中的多个要动态变化的元素
    container.append([line, title])

ani = animation.ArtistAnimation(fig, container, interval=200, blit=
False)

plt.show()
```

在上面的程序中，绘制线段时使用随机生成的数据，将各线段及其标题放入 container 大列表中，相当于 container 中放入多帧，然后将各帧在画布中播放，形成动态效果，线段的颜色也随不同帧变化。

将上述程序在 Python IDLE 中运行后，所绘制的图形中的一帧如图 7-10 所示。

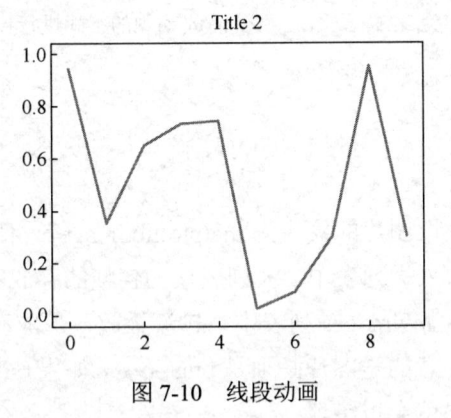

图 7-10　线段动画

【例 7-10】使用 ArtistAnimation 制作图片轮流播放的效果，图片需要为 png 类型，并与程序存储在同一路径下。

具体程序如下:

```python
import matplotlib.pyplot as plt
import matplotlib.image as mgimg
from matplotlib import animation

fig = plt.figure()

# 初始化要绘制的图像，其初值是一个空列表
myimages = []

# 循环读取所有类型的 png 图像
for p in range(2, 6):

    ## 读取图像信息
    fname = "Fig%d.png" %p
    img = mgimg.imread(fname)
    imgplot = plt.imshow(img)

    # 将所有类型为 AxesImage 的对象添加到列表 myimages 中
    myimages.append([imgplot])

## 创建一个动画实例
my_anim = animation.ArtistAnimation(fig, myimages, interval=1000,
blit=True, repeat_delay=1000)

## 将生成的值命名为 animation 并以 mp4 动画的格式进行保存
# my_anim.save("animation.mp4")

## 显示动画
plt.show()
```

在上面的程序中，读取图片的模块为 matplotlib.image，将图片放入小列表，然后把每个小列表作为一帧，放入大列表中，大列表作为各帧的存放容器。也就是说，imgplot 中是各个图片，然后放入 myimages 列表中，轮流播放，形成动态效果。

在这个程序中需要注意的是图片必须是 png 类型，如果是其他类型的图片或者是直接修改图片的类型，程序就会报错。

将上述程序在 Python IDLE 中运行后，所绘制的图形中的一帧如图 7-11 所示。

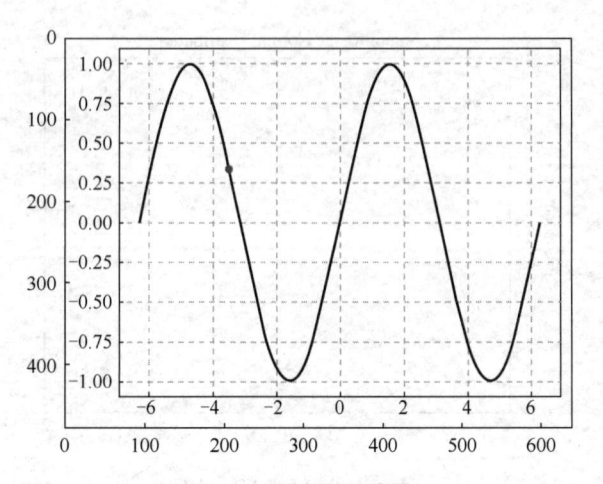

图 7-11　图片轮流播放

◀ 拓展项目 ▶

题目: 基于例 7-10 的原理,制作一个各种几何图形不断变化的动画,如由三角形变为四边形再变为五边形的效果。

要求: 在例 7-10 程序的基础上进行修改,实现如图 7-12 所示的效果,即多种图形不断变化。其动画效果可以在本书资源中下载。

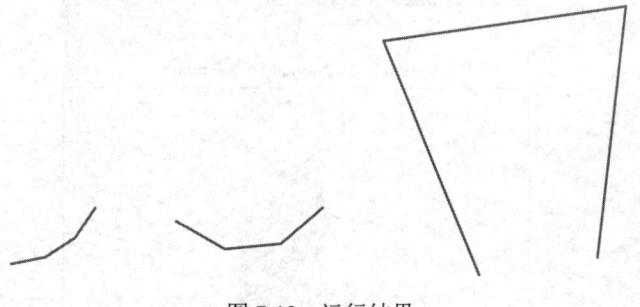

图 7-12　运行结果

课 后 练 习

制作一个柱状图,使得图中的柱形逐渐出现,形成动画效果,如图 7-13 所示。

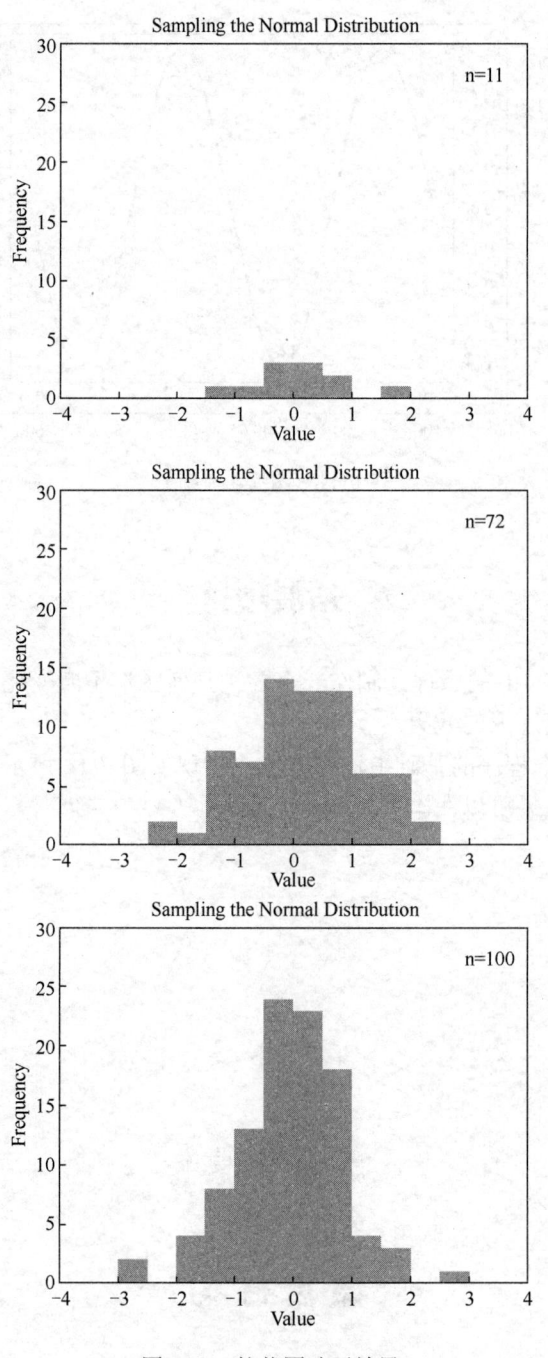

图 7-13 柱状图动画效果

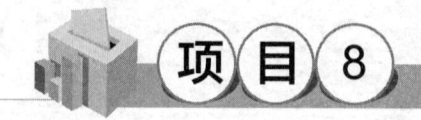

蝴 蝶 效 应

▶ 项目背景

　　3D 图形比平面 2D 图形更具有吸引力，用 3D 图形表达数据也更形象生动。为了将"蝴蝶效应"这一著名的现象用图而非文字的形式表达出来，这里将利用 matplotlib 的三维图像绘制功能，画出该现象的 3D 图形，从而更直观地显示出数据间的关系。

▶ 学习目标

※知识目标

- 掌握 3D 图形的特点。
- 掌握生成 3D 图形的函数。
- 理解 5 种 3D 图形。

※能力目标

- 能够理解 3D 图形绘制函数中参数的含义。
- 能够设置 x、y、z 轴的不同值。
- 能够创建 3D 图形。

※素质目标

- 整体框架能力。
- 流程处理能力。
- 严密的逻辑思维。

◀ 项目实现 ▶

◆▷【项目描述】◁

　　本项目用来模拟蝴蝶效应的演化轨迹，通过 3D 图形来展示蝴蝶效应这一现象。"蝴蝶效应"是说巴西的蝴蝶扇动翅膀可以引起美国得克萨斯州的飓风，而 3D 图形则能够更形象地说明"初始条件的微小差异有可能在最终的现象中导致巨大的差异"蝴蝶效应这一著名理论。

　　本项目要实现的功能包括：

　　1）生成三维坐标系；

　　2）使用 numpy 模块生成数组；

　　3）求出蝴蝶形状图形的表达式，即洛伦兹（Lorrenz）吸引子公式；

　　4）在三维坐标系中绘制该表达式的图形，如图 8-1 所示。

　　本项目的任务是计算函数表达式，并将它绘制到三维坐标系中。项目中要计算偏导数值，并进行可视化。

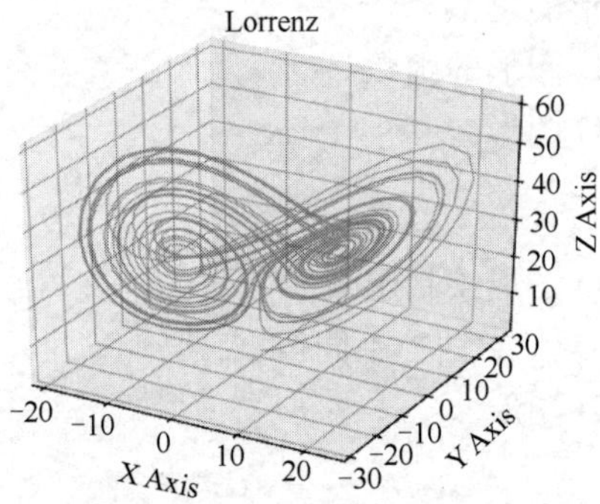

图 8-1　蝴蝶图形

　　在三维坐标图形中，可以将光标放在坐标系范围内，通过拖动鼠标随意转动图像，从多个角度观察图形，比如拖动后可以形成如图 8-2 所示的图形。

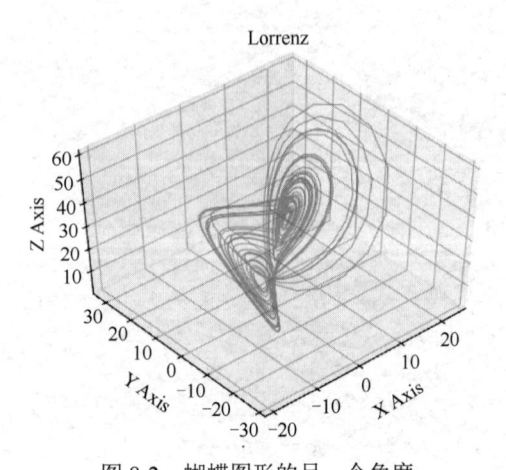

图 8-2 蝴蝶图形的另一个角度

◆【项目分析】

本项目通过前面介绍过的 plot() 函数,在三维空间中绘制 3D 线形图,调用 matplotlib 数据可视化模块,创建迷幻的蝴蝶形状的立体图形,使读者了解 3D 图形的绘制过程,掌握其开发方法。

1. 图形概念

在三维坐标系中显示立体效果的图形,就是 3D 图形,它是利用人眼看物体时远小近大的特点,在平面上绘制出可以使人眼看上去有立体效果的图形。3D 图形不仅可以表达出数据间的关系,更能够增强图形的生动和直观性,也是人们喜欢的图形表现形式。

2. 图形元素分析

从图 8-1 和图 8-2 可以看出,3D 图形包括横坐标、纵坐标、第三坐标以及坐标系中的图形。其中横、纵、第三坐标轴上都有数字,用来显示坐标刻度。坐标系中的图形可以是本书中提到的任何图形,它们都可以用 3D 的形式绘制出来。

3. 技术分析

3D 图形是在三维坐标空间中通过设置每个坐标点的三个值而形成的,坐标点的确定决定了图形的形状。

从数据上看,本项目需要由蝴蝶效应的导数计算公式计算出来,经过迭代计算,将每个点显示在坐标系中,形成蝴蝶翅膀的形状。

◆▶【项目实操】

项目的具体实现程序如下:

```python
import numpy as np
import matplotlib.pyplot as plt

def lorenz(x, y, z, s = 10, r = 28, b = 2.667):
  x_dot = s*(y - x)
  y_dot = r * x - y - x * z
  z_dot = x * y - b * z
  return x_dot, y_dot, z_dot

# 为每个坐标轴数组的第一个数,设置一个初始值
dt = 0.019
num_steps = 2000

xs = np.empty(num_steps + 1 )
ys = np.empty(num_steps + 1)
zs = np.empty(num_steps + 1)
# np.set_printoptions(threshold = 1000000)
xs[0], ys[0], zs[0] = (0., 1., 1.05)

# 计算当前点的偏导数,然后根据这个点推导出下一个点
for i in range(num_steps):
    x_dot, y_dot, z_dot = lorenz(xs[i], ys[i], zs[i])
    xs[i + 1] = xs[i] + (x_dot * dt)
    ys[i + 1] = ys[i] + (y_dot * dt)
    zs[i + 1] = zs[i] + (z_dot * dt)

# 绘制坐标
fig = plt.figure()
ax = fig.gca(projection = '3d')

ax.plot(xs, ys, zs, alpha = 0.6,lw = 0.8)
print(help(plt.plot))
ax.set_xlabel("X Axis")
ax.set_ylabel("Y Axis")
ax.set_zlabel("Z Axis")
ax.set_title("Lorrenz")
plt.show()
```

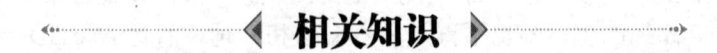

8.1　3D 图形相关概念

前面项目中介绍的都是 matplotlib 对于绘制二维图形的精彩之处，matplotlib 并不仅限于此，它还可以绘制生动的 3D 图形。

3D 是 three-dimensional 的缩写，指三维图形。计算机中的 3D 图形其实是在二维平面中显示三维效果的图形。与现实世界中的三维物体不同，在计算机中只能显示看起来有三维立体效果的图形。要绘制三维图形要根据人眼看物体远小近大的特点，因为计算机显示器是二维的，所以三维图形其实就是在计算机屏幕上利用不同的色彩灰度使人眼产生三维的视觉效果。

3D 可视化在有的时候是很有必要的，并且比二维图形更能直接表达数据之间的关系，而且某些时候 3D 图形是唯一选择。3D 图形在数据分析、建模、图像处理等方面都有广泛使用。利用 Python 和 matplotlib 可以绘制 3D 的散点图、轮廓图、表面图、曲线图和文字等。

绘制 3D 图形比较主流的工具包有 GTK 工具、Excel 软件、Basemap 库、mplot3d 库等。与 matplotlib 相结合使用的工具包中最常用的是 mplot3d，mpl_toolkits.mplot3d 模块提供了基本的 3D 图形绘制函数，可以绘制上面提到的所有 3D 图形。mplot3d 是与 matplotlib 一起产生的，其在 matplotlib 官网上有详细的文档，网址为 https://matplotlib.org/tutorials/toolkits/mplot3d.html。

mpl_toolkits 工具包的安装方法是在 Windows 命令行窗口中执行以下命令：

```
pip install -upgrade matplotlib
```

安装好后，即可调用 mpl_tookits 下的 mplot3d 类进行 3D 图形的绘制。导入方法有以下两种，任选其一即可。

```
import mpl_tookits.mplot3d as p3d
```

或

```
from mpl_tookits.mplot3d import *
```

8.2　函数解析

利用 matplotlib 绘制图形一般都需要先创建一个图表(figure)，在上面添加坐标轴后，将图形绘制在坐标系中，3D 图形也是一样。

但是与二维图形不同的是，在所创建的图表中需要绘制 3D 图形，这就需要将坐标系变为三维的，添加的坐标轴也不再是只有 x 轴和 y 轴，而是 Axes3D，包括 x、y 和 z 轴。

对于不同维度的图形来说，需要的函数功能是类似的，但是函数所需要的参数不同，3D 图形需要给三个坐标轴都提供数据。

例如，绘制 3D 图形要给 mpl_toolkits.mplot3d.Axes3D.plot()指定的参数有 xs、ys、zs 以及 zdir，其他参数则直接传给 matplotlib.axes.Axes.plot()即可。注意，plot()函数是用于绘制三维线形图的，而针对不同类型的 3D 图形，则由不同的函数来生成，下面来具体介绍这些函数及参数。

与二维图形类似，3D 图形也包括各类图形，如 3D 线形图、3D 直方图、3D 散点图、3D 轮廓图、3D 表面图等，所以在本节中将参数介绍与实例结合在一起进行。

生成 3D 图形时，画图的方法有以下两种。

```
fig = plt.figure()
ax = p3d.Axes3D(fig)
```

或者：

```
fig = plt.figure()
ax = fig.add_subplot(111, projection='3d')
```

绘制三维图形时需要先得到一个 Axes3D 对象，上面两种方式得到的 ax 都是 Axes3D 对象，接下来就可以调用函数在 ax 上画图了。

8.2.1　3D 线形图

生成 3D 线形图的函数原型为：

```
mpl_toolkits.mplot3d.Axes3D.plot(xs,ys,zs,zdir='z',*args,**kwargs)
```

函数中的参数含义如表 8-1 所示。

表 8-1　Axes3D plot()函数参数说明

参数	说明
xs	x 轴坐标值
ys	y 轴坐标值
zs	z 轴坐标值，可以是所有点对应一个值，或者是每个点对应一个值。当所有点对应一个值的时候，其实图形就是二维的
zdir	确定哪个坐标轴是 z 轴的维度，一般情况下是 zs，但也可以是 xs 或 ys

下面用实例进行说明。

【例 8-1】绘制 3D 曲线图。

具体程序如下：

```
import numpy as np
import matplotlib.pyplot as plt
import mpl_toolkits.mplot3d as p3d

fig = plt.figure()
ax = p3d.Axes3D(fig)

z = np.linspace(0, 15, 1000)
x = np.sin(z)
y = np.cos(z)
ax.plot(x, y, z, 'green')
plt.show()
```

在上面的程序中，画图方法用的是 ax = p3d.Axes3D(fig)，可以理解为将 figure 参数放入 3D 坐标轴中。

每个 z 值都对应一对(x,y)值，z 轴为第三维度。将上述程序在 Python IDLE 中运行后，形成了螺旋的立体效果，如图 8-3 所示。

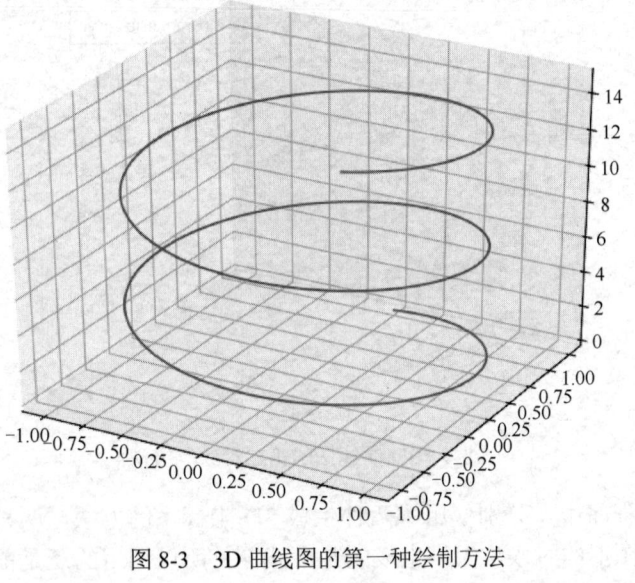

图 8-3 3D 曲线图的第一种绘制方法

也可以用另一种画图方法 ax=fig.add_subplot(111,projection='3d')绘制螺旋曲线，这种方法可以理解为是在函数中指定了绘制 3D 图形。具体程序如下：

```
import matplotlib as mpl
from mpl_toolkits.mplot3d import Axes3D
import numpy as np
```

```
import matplotlib.pyplot as plt

mpl.rcParams['legend.fontsize'] = 10

fig = plt.figure()
ax = fig.add_subplot(111,projection='3d')
theta = np.linspace(-4 * np.pi, 4 * np.pi, 100)
z = np.linspace(-2, 2, 100)
r = z ** 2 + 1
x = r * np.sin(theta)
y = r * np.cos(theta)
ax.plot(x, y, z, label='parametric curve')
ax.legend()

plt.show()
```

在上面的程序中，添加了中间变量 r，r 是 z 的函数，代入参数 x 和 y 中，使得正弦和余弦曲线的振幅发生变化，得到如图 8-4 所示的效果。

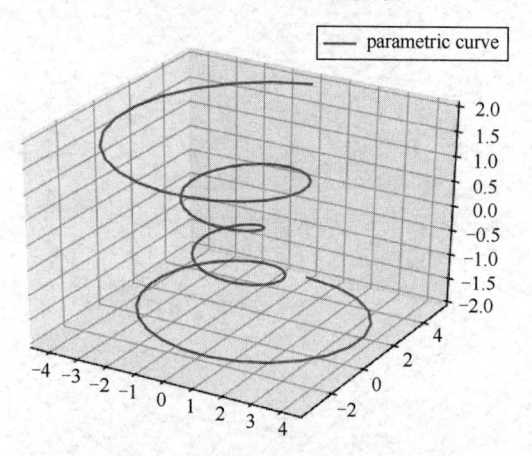

图 8-4　3D 曲线图的第二种绘制方法

在上面两个程序中，分别使用了两种生成 3D 坐标系的方法，两种方法的作用是一样的。最后绘制图形的时候，由于生成的是曲线图，所以调用的还是前面绘制二维图形时一样的 plot()函数。

8.2.2　3D 散点图

生成 3D 散点图的函数原型为：

```
Axes3D.scatter(xs, ys, zs=0, zdir='z', s=20,
               c=None, depthshade=True, *args, **kwargs)
```

函数中的参数含义如表 8-2 所示。

表 8-2　Axes3D.scatter()函数参数说明

参数	说明
xs	x 轴坐标值
ys	y 轴坐标值
zs	z 轴坐标值,有两种形式,一是取一个标量,函数中的默认值就是标量 0,也就是说默认情况下,所有点都在 z=0 这个面上,这时就是二维平面图;二是取与 xs、ys 类似的数组,那么图形就是 3D 的
zdir	确定哪个坐标轴是 z 轴的维度,一般情况下是 zs,但也可以是 xs 或 ys
s	用来控制点的大小
c	对应的是颜色指示值,如果使用渐变色的话,则可以令 c=x,使得颜色值随着 x 值变化
depthshade	是否对散布标记进行着色以显示深度的外观。默认值为 True

下面用实例进行说明,先绘制一个最简单的 3D 散点图。

【例 8-2】绘制简单的 3D 散点图。

具体程序如下:

```
import numpy as np
import matplotlib.pyplot as plt
import mpl_toolkits.mplot3d


x = np.array([1, 2, 4, 5, 6])
y = np.array([2, 3, 4, 5, 6])
z = np.array([1, 2, 4, 5, 6])


# 创建一个三维的绘图工程
ax = plt.subplot(projection = '3d')
ax.set_title('3d scatter')
# 绘制数据点 c:其中'r'表示绘制成红色, 'y'表示绘制成黄色等
ax.scatter(x, y, z, c = 'r')


ax.set_xlabel('X')   # 设置 x 坐标轴
ax.set_ylabel('Y')   # 设置 y 坐标轴
ax.set_zlabel('Z')   # 设置 z 坐标轴


plt.show()
```

例 8-2 实操

在上面的程序中,x、y、z 分别是三个一维数组,通过调用 plt.subplot()生成 3D 坐标系,在该坐标系中绘制了 scatter 图形,并且将这些 3D 空间中的点设置为红色。

将上述程序在 Python IDLE 中运行后,结果如图 8-5 所示。

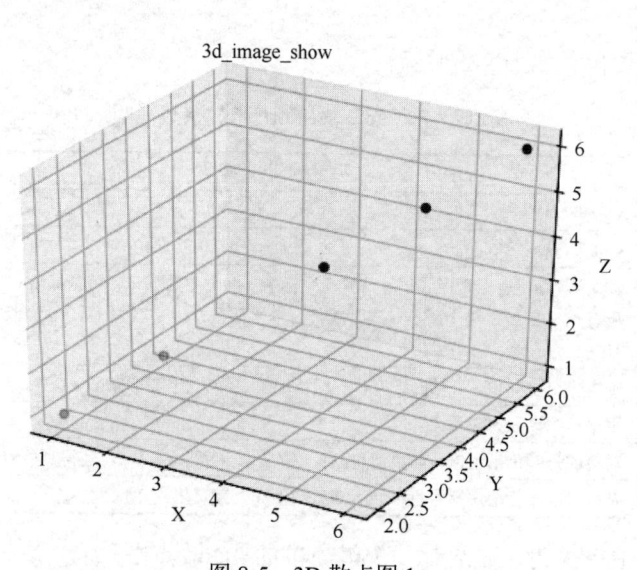

图 8-5　3D 散点图 1

下面绘制立体感更强的散点图。

【例 8-3】绘制更立体的 3D 散点图。

具体程序如下：

例 8-3 实操

```python
from mpl_toolkits.mplot3d import Axes3D
import matplotlib.pyplot as plt
import numpy as np

# 生成 shape(n,) 的随机数组
def randrange(n, vmin, vmax):
    return (vmax - vmin) * np.random.rand(n) + vmin


fig = plt.figure()
ax = fig.add_subplot(111, projection='3d')

n = 100

# 对每组样式和范围进行设置
# 将 x 在[23, 32]、y 在[0, 100]、z 在[zlow, zhigh]范围内生成随机点
# 将两组散点值绘制到同一个 figure 中
for c, m, zlow, zhigh in [('r', 'o', -50, -25), ('b', '*', -30, -5)]:
    xs = randrange(n, 23, 32)
    ys = randrange(n, 0, 100)
    zs = randrange(n, zlow, zhigh)
```

```
        ax.scatter(xs, ys, zs, c=c, marker=m)

    ax.set_xlabel('X Label')
    ax.set_ylabel('Y Label')
    ax.set_zlabel('Z Label')

    plt.show()
```

在上面的程序中，利用 for 循环，使用函数 randrange()生成 100 个随机点。所有随机点分成两组，一组用蓝色五角星表示，另一组用红色圆点表示。这两组点的 x、y 坐标范围相同，但 z 坐标范围不同。最后，将这两组数据绘制在同一个坐标系中，形成鲜明的对比。

将上述程序在 Python IDLE 中运行后，形成了散点的立体效果，如图 8-6 所示。

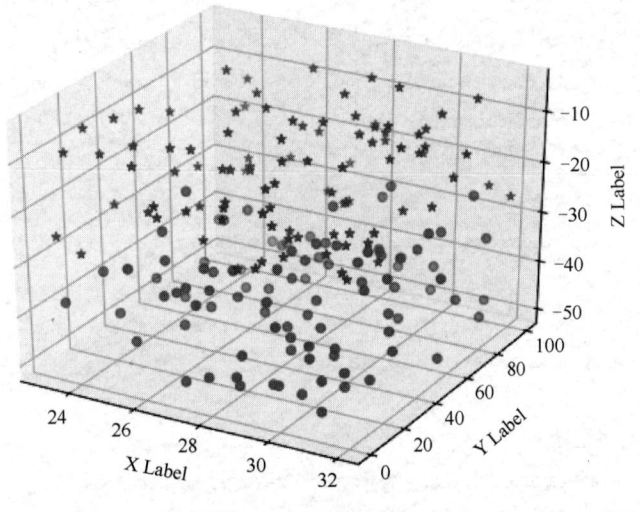

图 8-6 3D 散点图 2

8.2.3 3D 线框图

线框图的每一个面都是由多边形构成的，其采用值网格并将其投影到指定的三维表面上，并且可以使得到的三维形式非常容易可视化。

plot_wireframe()函数用于生成此图，函数原型为：

```
Axes3D.plot_wireframe(x, y, z,
                rstride, cstride, rcount, ccount, *args, **kwargs)
```

函数中参数及其说明如表 8-3 所示。

表 8-3　Axes3D.plot_wireframe()函数参数说明

参数	说明
x	x 轴坐标值
y	y 轴坐标值
z	z 轴坐标值，与前面图形的含义相同
rstride	数组的行步长，默认值为 1
cstride	数组的列步长，默认值为 1
rcount	使用的最多行数，默认值为 50
ccount	使用的最多列数，默认值为 50

【例 8-4】绘制 3D 线框图。

具体程序如下：

```
from mpl_toolkits.mplot3d import axes3d
import matplotlib.pyplot as plt

fig = plt.figure()
ax = fig.add_subplot(111, projection='3d')

# 生成数据
X, Y, Z = axes3d.get_test_data(0.05)

# 绘制基本线框图
ax.plot_wireframe(X, Y, Z, rstride=10, cstride=10)

plt.show()
```

在上面的程序中，代码 axes3d.get_test_data(0.05)用于生成测试数据，X、Y、Z 的值均为 120 行 120 列，读者可以将其打印出来进行观察。函数 plot_wireframe()用于绘制线框图，并且规定了所生成的线框间步长均为 10。需要注意的是，rstride/cstride 和 rcount/ccount 不能同时进行设置，只能对其中一组设置非默认值，前者表示采样步长，后者表示最大采样点数。

将上述程序在 Python IDLE 中运行后，结果如图 8-7 所示。

设置不同的参数值时，可以看到线框图中线的稠密程度，读者可以通过改变其值观察效果。

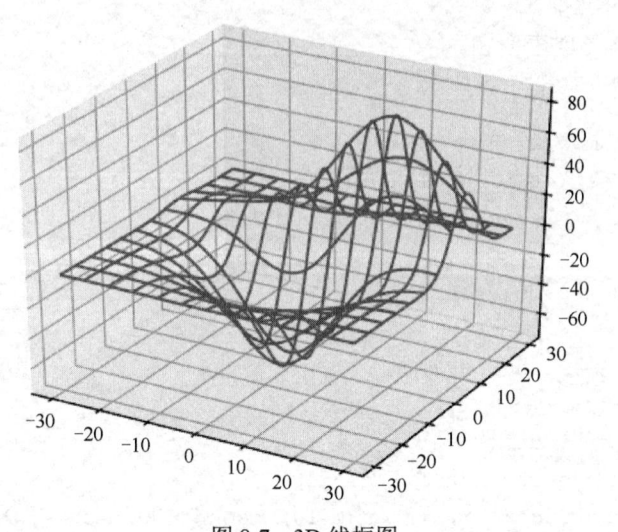

图 8-7　3D 线框图

8.2.4　3D 表面图

表面图就是将线框图的每个框中填充上颜色，在立体空间中形成各个不同的面。plot_surface()函数用于生成表面图，函数原型为：

```
Axes3D.plot_surface(x, y, z, rstride, cstride, rcount, ccount, color,
cmap, facecolors, norm, vmin, vmax, shade, *args, **kwargs)
```

函数中参数及其说明如表 8-4 所示。

表 8-4　Axes3D.plot_surface()函数参数说明

参数	说明
x	x 轴坐标值
y	y 轴坐标值
z	z 轴坐标值，与前面图形的含义相同
rstride	数组的行步长，默认值为 1
cstride	数组的列步长，默认值为 1
rcount	使用的最多行数，默认值为 50
ccount	使用的最多列数，默认值为 50
color	曲面面片上的颜色（注：面片指的是线围起来的每一个小曲面）
cmap	曲面面片上的颜色映射
facecolors	曲面各个面片的颜色
norm	把值映射到颜色的正则化实例
vmin	映射的最小值
vmax	映射的最大值
shade	是否给面片着色

【例 8-5】绘制 3D 表面图。
具体程序如下：

```
import numpy as np
import matplotlib.pyplot as plt
from mpl_toolkits.mplot3d import Axes3D


x = np.linspace(-4,4,500)
y = x
[X,Y] = np.meshgrid(x,y)
Z = X*X+Y*Y
fig = plt.figure()
ax = fig.add_subplot(111,projection ='3d' )
ax.plot_surface(X,Y,Z,rcount=10, ccount=50,cmap = 'hot')
ax.plot_surface(X,Y,Z,rstride=10,cstride=50,cmap = 'hot')
plt.show()
```

将上述程序在 Python IDLE 中运行后，结果如图 8-8 所示。

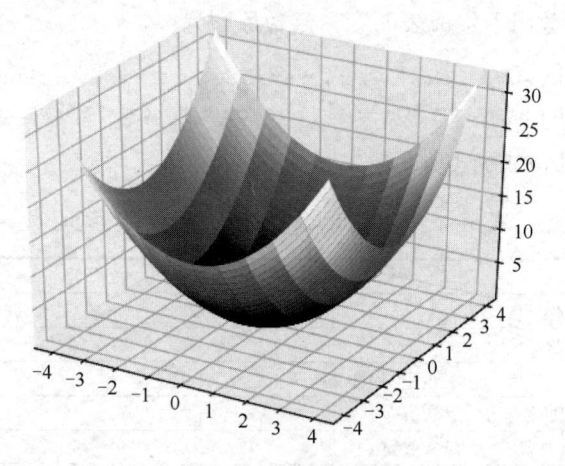

图 8-8　3D 表面图

在上面的程序中，x 和 y 相等，都是等差数列；[X,Y] = np.meshgrid(x,y)中的 np.meshgrid()函数用于生成网格点坐标矩阵，在图 8-7 所示的线框图中，每根线的每个交叉点都是网格点，描述这些网格点的坐标的矩阵，就是坐标矩阵；Z = X*X+Y*Y 表示基于网格点生成 Z 轴的值，这样三个坐标值 X、Y、Z 共同确定了空间中的点；ax.plot_surface(X,Y,Z,rcount=10, ccount=50,cmap='hot')和 ax.plot_surface(X,Y,Z,rstride=10, cstride=50,cmap='hot')的作用基本相同，只是使用了不同的取样点设置，plot_surface()函数用于绘制表面图；cmap 参数是颜色映射，在本程序中取值为 hot，其可以取的值非常多，读者可以尝试多种颜色。

8.2.5　3D 直方图

直方图的概念在前面的项目中已经介绍得很详细了，3D 直方图其实就是将平面直方图放到立体空间中去，形成立体的柱状图。可以将它画成空间中的 2D 条形，也可以形成立体条形。在下面的程序中，将利用函数 bar3d()绘制立体条状 3D 直方图。

【例 8-6】绘制 3D 直方图。

具体程序如下：

```
import numpy as np
import matplotlib.pyplot as plt
import matplotlib as mpl
from mpl_toolkits.mplot3d import Axes3D

mpl.rcParams['font.size'] = 10


samples = 25


x = np.random.normal(5, 1, samples)
y = np.random.normal(3, .5, samples)


fig = plt.figure()
ax = fig.add_subplot(211, projection='3d')


# 生成二维直方图，第 1 个返回值为直方图，第 2、3 个返回值分别为 x、y 坐标的刻度
hist, xedges, yedges = np.histogram2d(x, y, bins=10)


# 计算 x、y 条位置网格点值
elements = (len(xedges) - 1) * (len(yedges) - 1)
xpos, ypos = np.meshgrid(xedges[:-1]+.25, yedges[:-1]+.25)


xpos = xpos.flatten()
ypos = ypos.flatten()
zpos = np.zeros(elements)


# 直方图中每个柱都设置为相同的宽度
dx = .1 * np.ones_like(zpos)
dy = dx.copy()


# 直方图的柱的高度
dz = hist.flatten()
```

```
ax.bar3d(xpos, ypos, zpos, dx, dy, dz, color='b', alpha=0.4)
ax.set_xlabel('X Axis')
ax.set_ylabel('Y Axis')
ax.set_zlabel('Z Axis')

# 生成相同点的平面散点图，用于对比位置
ax2 = fig.add_subplot(212)
ax2.scatter(x, y)
ax2.set_xlabel('X Axis')
ax2.set_ylabel('Y Axis')
plt.show()
```

将上述程序在 Python IDLE 中运行后，结果如图 8-9 所示。

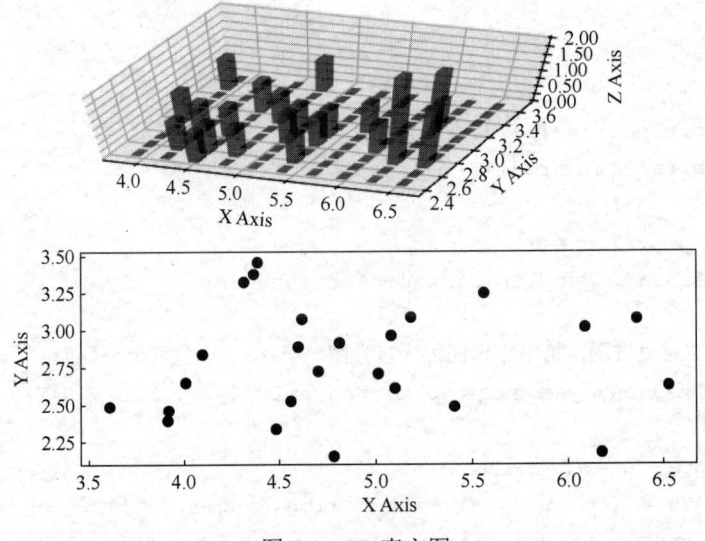

图 8-9　3D 直方图

在上面的程序中，np.histogram2d()用于生成二维直方图，该函数的返回值有 3 个，第 1 个是直方图，第 2、3 个分别为 x、y 坐标的刻度；np.meshgrid()函数与前面相同，用于根据 x、y 坐标的刻度计算直方图中条形所在的网格点；flatten()用于将 numpy 数组格式的数据展平成一维数组；xpos、ypos、zpos 是指直方图的柱所在的位置；dx、dy、dz 是指直方图的柱的长度、宽度和高度。

8.3　综合实例

【例 8-7】将曲线和 3D 散点图绘制在同一图中。

要将两种图形绘制在一个坐标系中，只需要同时调用两种绘图函数即可，具体程序如下：

```python
import numpy as np
import matplotlib.pyplot as plt

# 创建一个 3D 坐标系
fig = plt.figure()
ax = fig.gca(projection = '3d')
help(plt.plot)
help(np.random.sample)
# 利用 x 轴和 y 轴绘制抛物线
x = np.linspace(0, 1, 100)  # linspace 创建等差数组
# y = np.cos(x * 2 * np.pi)/2+0.5
y=x**2
# 通过 zdir = 'z' 将数据绘制在 z 轴，zs = 0.5 则是将数据绘制在 z = 0.5 的位置
ax.plot(x, y, zs = 0.5, zdir = 'z', color = 'black', label = 'curve in (x, y)')

# 绘制散点数据 （每个颜色 20 个 2D 点）在 x 轴和 z 轴
colors = ('r', 'g', 'b', 'k')
np.random.seed(19680801)  # 设置随机函数复现

x = np.random.sample(20 * len(colors))
y = np.random.sample(20 * len(colors))
z = np.random.sample(20 * len(colors))

c_list = []
for i in colors:
    c_list.extend([i] * 20)

# 绘制散点坐标，通过 zdir = 'y' 将数据绘制在 y=0 的位置
ax.scatter(x, y, z, zdir = 'y', c = c_list, label = 'point in (x, z)')

# 设置图例
ax.legend()
# 限制坐标轴的范围
ax.set_xlim(0, 1)
ax.set_ylim(0, 1)
ax.set_zlim(0, 1)
```

```
# 为坐标轴添加标签
ax.set_xlabel('X')
ax.set_ylabel('Y')
ax.set_zlabel('Z')

plt.show()
```

还是先创建 3D 坐标系，在该坐标系中先生成一条抛物线，通过 zdir = 'z' 将数据绘制在 z 轴，zs = 0.5 表示将该抛物线绘制在坐标轴 z = 0.5 的位置。然后在 x 轴和 z 轴的平面上绘制散点数据（每个颜色 20 个 2D 的散点），zdir='y'表示把第三轴设置为 y 轴。将上述程序在 Python IDLE 中运行后，结果如图 8-10 所示。

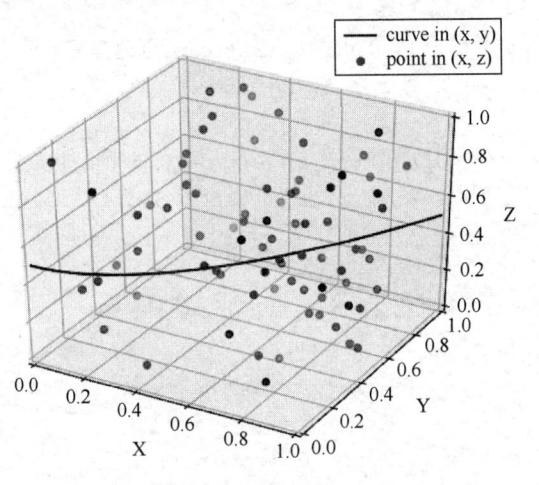

图 8-10　曲线与散点结合

【例 8-8】绘制一朵蓝色玫瑰。

具体程序如下：

```
from mpl_toolkits.mplot3d import Axes3D
from matplotlib import cm
from matplotlib.ticker import LinearLocator
import matplotlib.pyplot as plt
import numpy as np

fig=plt.figure()
ax=fig.gca(projection='3d')
#ax = axes3d.Axes3D(fig)

[x,t]=np.meshgrid(np.array(range(25))/24.0,np.arange(0,575.5,0.5)/575*17*np.pi-2*np.pi)
```

```
p=(np.pi/2)*np.exp(-t/(8*np.pi))

u=1-(1-np.mod(3.6*t,2*np.pi)/np.pi)**4/2

y=2*(x**2-x)**2*np.sin(p)

r=u*(x*np.sin(p)+y*np.cos(p))
# cm.cool,brg_r,winter_r
surf=ax.plot_surface(r*np.cos(t),r*np.sin(t),u*(x*np.cos(p)-
y*np.sin(p)), rstride=1, cstride=1, cmap=cm.brg_r, linewidth=0, antialiased=
True)
        plt.plot(r*np.cos(t))
        plt.show()
```

本程序其实就是一个比较复杂的表面图。参数 x 和 t 用来生成网格点，表面图函数
plot_surface()中的 x、y、z 坐标值是由正弦函数和余弦函数组合计算得到的，从而生成
了比较复杂的表面图，图上的着色是由 cmap 决定的，这里取值为 cm.brg_r，生成了比
较漂亮的颜色。

将上述程序在 Python IDLE 中运行后，结果如图 8-11 所示。其实组成该图的函数就
是最基本的正弦或余弦函数。

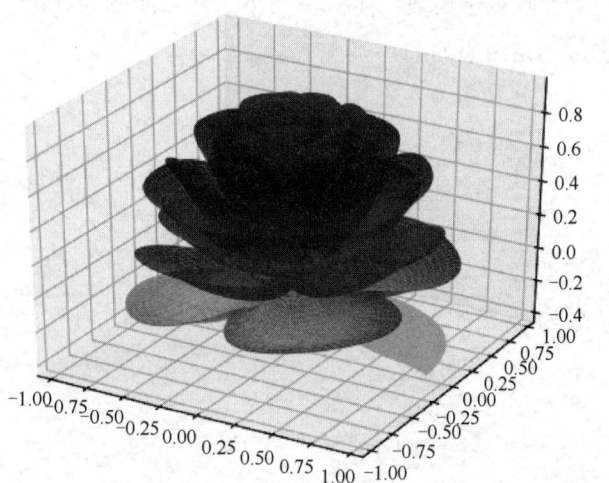

图 8-11　蓝色玫瑰

【例 8-9】绘制一个彩色星球。

本例主要是通过 3D 绘制一个球状图形，然后利用 cmap 参数对它进行着色即可。
具体程序如下：

```
from mpl_toolkits.mplot3d import Axes3D
import matplotlib.pyplot as plt
import numpy as np

fig = plt.figure()
ax = fig.add_subplot(111, projection='3d')

# 设置数据
u = np.linspace(0, 2 * np.pi, 100)
v = np.linspace(0, np.pi, 100)
x = 10 * np.outer(np.cos(u), np.sin(v))
y = 10 * np.outer(np.sin(u), np.sin(v))
z = 10 * np.outer(np.ones(np.size(u)), np.cos(v))

# 绘制表面图
# ax.plot_surface(x, y, z, color='b')
ax.plot_surface(x, y, z,cmap='rainbow')

plt.show()
```

以上程序中，outer()函数用于进行外积运算，其作用是将多维向量全部展开变为一维向量。其中第一个参数表示倍数，使得第二个向量每次变为几倍。第一个参数确定结果的行，第二个参数确定结果的列。

例如：

```
import numpy as np
x1 = [1,2,3]
x2 = [4,5,6]
outer = np.outer(x1,x2)
```

程序的运行结果为：

```
[[ 4  5  6]      # 1倍
 [ 8 10 12]      # 2倍
 [12 15 18]]     # 3倍
```

以上程序中，将参数 cmap 的值设置为 rainbow，将得到一个彩色的球体。将上述程序在 Python IDLE 中运行后，结果如图 8-12 所示。

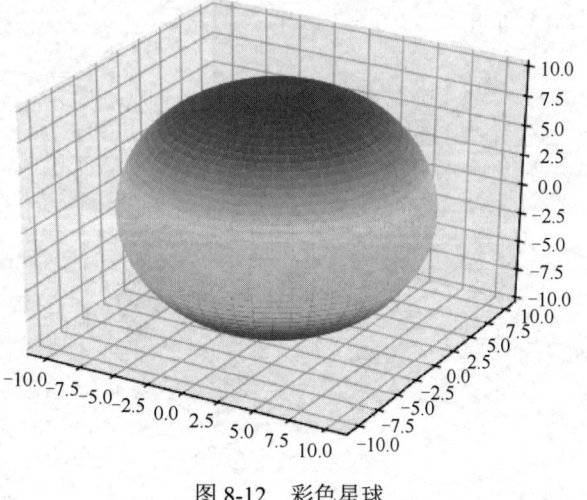

图 8-12　彩色星球

也可以通过坐标中曲线表达式的变化，将前面的曲面图绘制得更复杂一些，例如同时绘制出多个山峰的图形。

【例 8-10】绘制多重曲面图。

具体程序如下：

```
from matplotlib import pyplot as plt
from mpl_toolkits.mplot3d import Axes3D
import numpy as np

fig = plt.figure()  # 定义新的三维坐标轴
ax3 = plt.axes(projection='3d')

# 定义三维数据
xx = np.arange(-5,5,0.5)
yy = np.arange(-5,5,0.5)
X, Y = np.meshgrid(xx, yy)
Z = np.sin(X)+np.cos(Y)

# 作图
ax3.plot_surface(X,Y,Z,cmap='rainbow')
ax3.contour(X,Y,Z, zdim='z',offset=-2, cmap='rainbow)  # 等高线图，需
要设置 offset 为 Z 的最小值
plt.show()
```

第三坐标轴 z 的值为 Z = np.sin(X)+np.cos(Y)，是正弦和余弦曲线相加的结果，将程

序运行后结果如图 8-13 所示。

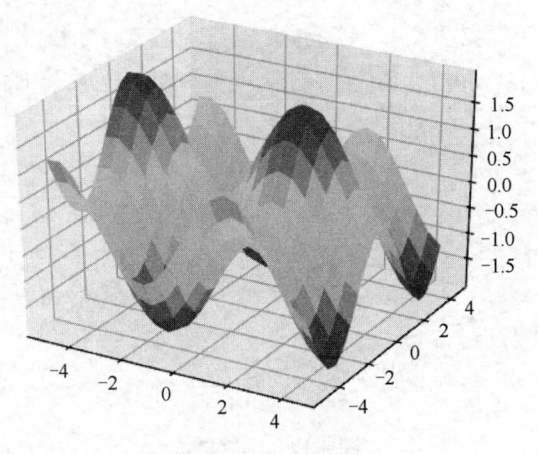

图 8-13　多重曲面图

观察图 8-13 可以发现，该图中的网格比较大，形成的图形不够细腻。如果加入渲染时的步长，会得到更加清晰细腻的图像，例如 ax3.plot_surface(X,Y,Z,rstride = 1, cstride = 1,cmap='rainbow')，其中的 row 和 cloum_stride 为横竖方向的绘图采样步长，其值越小绘图越精细；或者改变 xx 和 yy 的步长，设置 xx = np.arange(-5,5,0.1)。

具体程序如下：

```
from matplotlib import pyplot as plt
from mpl_toolkits.mplot3d import Axes3D
import numpy as np

fig = plt.figure()  # 定义新的三维坐标轴
ax3 = plt.axes(projection='3d')

# 定义三维数据
xx = np.arange(-5,5,0.1)
yy = np.arange(-5,5,0.1)
X, Y = np.meshgrid(xx, yy)
Z = np.sin(X)+np.cos(Y)

# 作图
ax3.plot_surface(X,Y,Z,rstride = 1, cstride = 1,cmap='rainbow')
ax3.contour(X,Y,Z,offset=-2, cmap = 'rainbow')# 绘制等高线
plt.show()
```

这样得到的图像网格更小，画面更精致了，运行结果如图 8-14 所示。

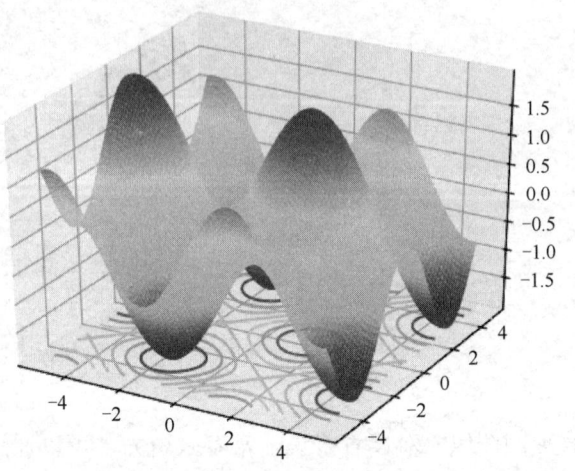

图 8-14　细腻的多重曲面图

【例 8-11】制作一个轮廓图。

轮廓图其实与表面图差不多，就是将网格区域填充上颜色，形成一些特别的效果。具体程序如下：

```
from mpl_toolkits.mplot3d import axes3d
import matplotlib.pyplot as plt
from matplotlib import cm

fig = plt.figure(figsize=(16, 12))
ax = fig.add_subplot(111, projection='3d')
X, Y, Z = axes3d.get_test_data(0.05)        # 测试数据
cset = ax.contour(X, Y, Z, cmap=cm.coolwarm)  # color map 选用的是
coolwarm
cset = ax.contour(X, Y, Z,extend3d=True, cmap=cm.coolwarm)
ax.set_title("Contour plot", color='b', weight='bold', size=25)
plt.show()
```

上面的程序中大多数知识点都介绍过了，其中函数 contour()用于生成轮廓图。将上述程序在 Python IDLE 中运行后，结果如图 8-15 所示，比较像一卷卷的带子。

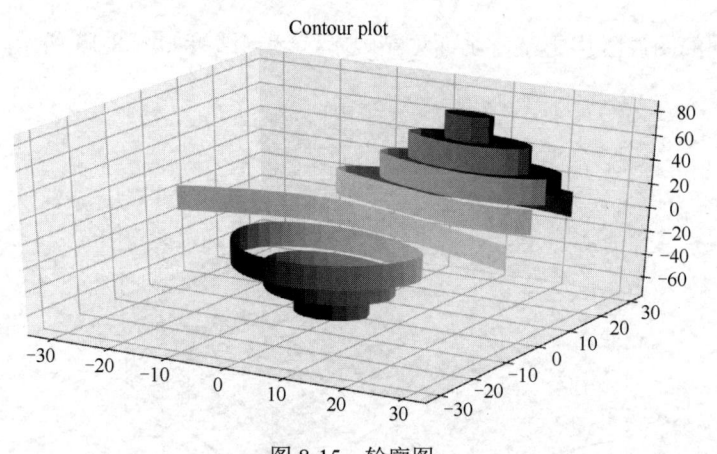

图 8-15　轮廓图

3D 图像是很有趣的图像，对读者来说非常有吸引力，可以通过改变参数以及曲线表达式使生成的图像变化多样，希望读者可以多进行尝试。

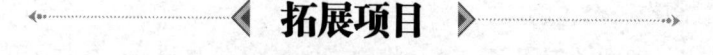

◀ 拓展项目 ▶

题目：基于例 8-4 中的线框图，在同一立体坐标系中绘制两个线框图。

要求：在本项目程序基础上进行修改，实现如图 8-16 所示的图形，并且为彩色线条。

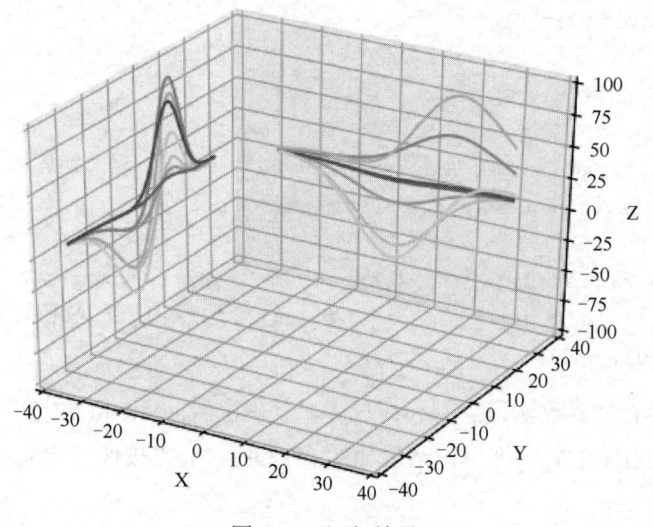

图 8-16　运行结果

课后练习

1. 绘制如图 8-17 所示的 3D 直方图。

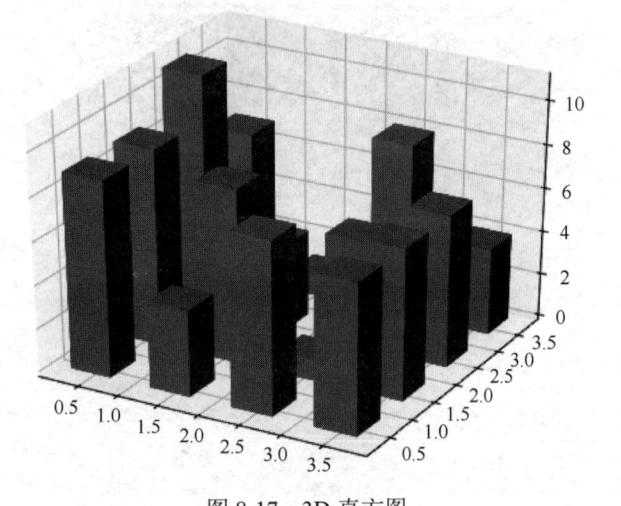

图 8-17　3D 直方图

2. 绘制 3D 表面图,图形效果如图 8-18 所示。

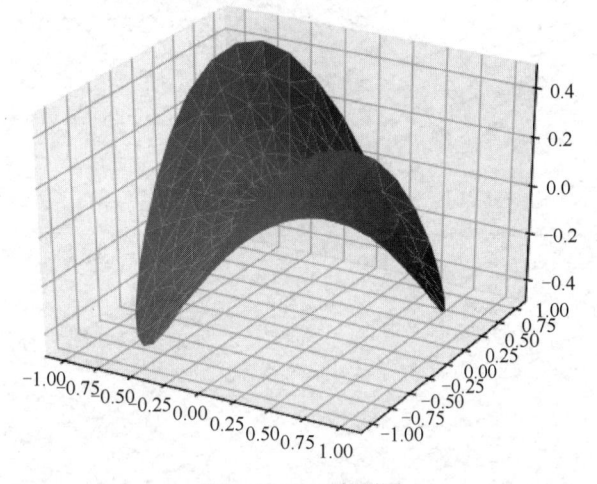

图 8-18　3D 表面图

3. 绘制 3D 条形图,图形效果如图 8-19 所示,每组条形都以不同的颜色显示,形成色彩缤纷的效果。

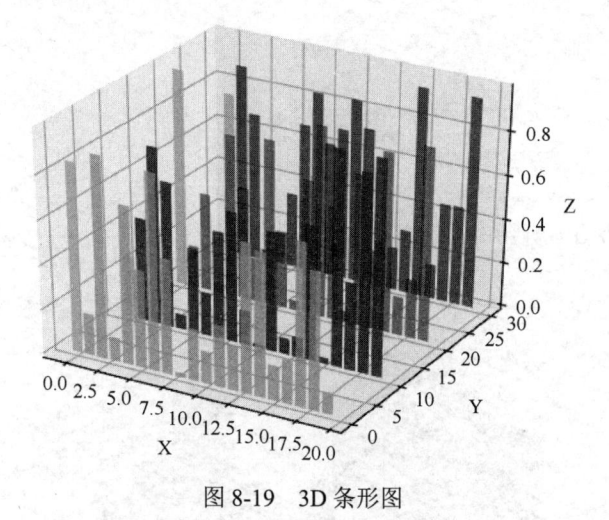

图 8-19　3D 条形图

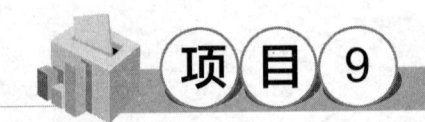

探 索 微 信

▶ 项目背景

　　智能手机在生活中已经是必需品，而微信基本上在每个人的智能手机中都是最常用的 APP 之一，目前是我国最大的社交应用软件。微信的便利性使得人们无论在生活还是工作中都离不开。

　　微信丰富了人们的业余娱乐内容，可以通过微信或微信群随时与朋友建立联系，视频更拉近了朋友间的距离，朋友圈成了人们分享生活以及彼此了解的地方。微信的扫码支付功能给买家和卖家都带来了极大的便利，也不用担心安全问题。微信上众多的公众号和小程序可以让人们更方便地接收关注的信息，更方便地使用各种程序。

　　在每个人的微信中，都有或多或少的朋友，你可能很了解经常联系的那些朋友，而对很久不联系的朋友变得陌生，不再了解他们的近况。也可能对所有的朋友没有总体的认识，比如他们的性格、代表他们思想的个性签名等。

　　了解本项目的目的是通过登录微信，分析朋友圈中所有微信好友的个性签名，了解朋友的性格，以及所有朋友的分布状况。

▶ 学习目标

※知识目标

- 掌握词云的含义。
- 掌握 pyecharts 绘制词云的方法。
- 掌握词云生成方法。
- 掌握利用 Python 控制微信的方法。

※能力目标

- 能够理解 pyecharts 的作用。
- 能够读取数据并生成词云。
- 能够绘制不同形状的词云。
- 能够利用 Python 登录微信并开发简单功能。

※素质目标

● 复杂问题简单化。
● 养成编写文档的习惯。

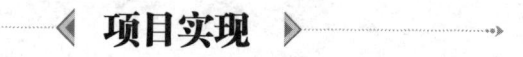
◀ 项目实现 ▶

◆ 【项目描述】

本项目能够分析微信好友的个性签名状况,通过登录微信,读取个性化签名,并绘制这些签名词云。该项目主要用到了与 Python 相关的 itchat 模块、csv 模块、pandas 模块、numpy 模块、matplotlib 模块以及最重要的 pyecharts 模块。

本项目要实现的功能包括:

1)利用 itchat 模块生成微信登录二维码;

2)生成该微信号中的所有好友信息并存入 csv 文件中;

3)生成个性签名词云。

本项目的任务是生成微信二维码,由用户自己用手机扫描登录后,读取该微信中的好友信息,对这些信息进行统计分析并生成好友的个性签名词云,使用户对自己的微信好友有全局性的了解。

项目运行后,首先生成一个短期有效的微信二维码,如图 9-1 所示,可以扫一扫并登录。

图 9-1 微信登录二维码

注意

该二维码是七天之内扫码有效的,超出这个日期后需要重新运行代码生成新的二维码,才可正常登录。

用手机中的微信扫一扫功能扫码后,可以生成该微信用户的好友信息,并存储在 friend.csv 文件中,如图 9-2 所示。

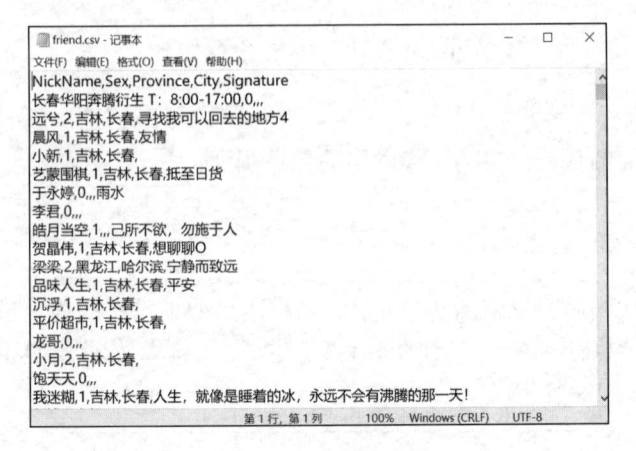

图 9-2　好友信息文件

◆ 【项目分析】

本项目是改编自 github 上的一个著名 Python 程序，其下载地址为：https://github.com/srp527/MyWeChat。该程序通过生成微信二维码，微信用户可以通过扫一扫功能登录自己的微信，通过读取微信好友的信息包括个性签名，生成 friend.csv 文件，记录这些信息。

然后利用 Python 生成好友个性签名的词云，更全面地了解自己的朋友圈，从不同角度了解朋友。这也是一个很有趣味性的程序。

1. 图形分析

程序将生成微信登录二维码，该图形是由 itchat 模块产生的。itchat 是开源微信个人号的接口，利用 Python 操控微信非常简单。

然后再由 pyecharts.WordCloud 模块生成词云，其实 pyecharts 还有生成其他图形的子模块及功能函数，读者可以尝试研究及开发。但是在 pyecharts v0.3.2 以后，pyecharts 有所更新并去掉了部分功能。

2. 图形元素分析

从项目执行结果图形中可以知道，本项目中主要的图形就是由 itchat 生成的微信登录二维码和词云两种图形，这两种都不是前面我们所熟知的内容，但都是可视化图形的种类。

3. 技术分析

本项目包括两个部分的内容：生成微信登录二维码；个性签名词云。在技术实现上也需要分这两部分进行说明。

（1）生成微信登录二维码

Python 与 itchat 结合可以很容易生成微信登录的二维码，itchat 是一个很好用的接口，

在 Python 调用的话需要先安装 itchat 模块，安装命令如下：

```
pip install itchat
```

可以使用下面的代码，自动生成微信的登录画面：

```
import itchat
itchat.auto_login()
```

执行上面的代码后将生成图 9-1 所示的二维码，如果没有扫描登录而是关掉该图片的话，程序会继续执行，并在一段时间后再次生成二维码，如此重复下去，直到登录微信为止。在 IDLE 中反复生成二维码的执行结果如图 9-3 所示。

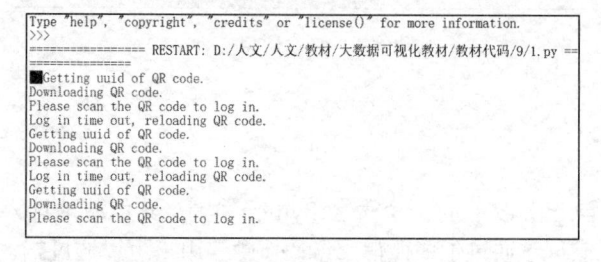

图 9-3　二维码生成信息

从上面的执行结果可以看到，程序执行完后生成二维码就等待登录，如果没有扫描登录微信的话，将再次执行，直到登录或结束程序为止。

用户扫描该二维码后，手机屏幕上会显示如图 9-4 所示信息，提示用户允许在电脑上登录该微信。

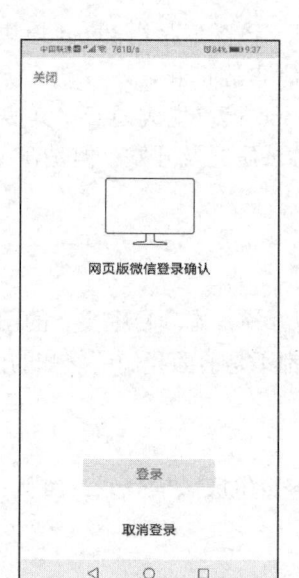

图 9-4　提示登录

单击"登录"按钮后，手机中的文件传输助手中会显示如图 9-5 中框出来的信息。

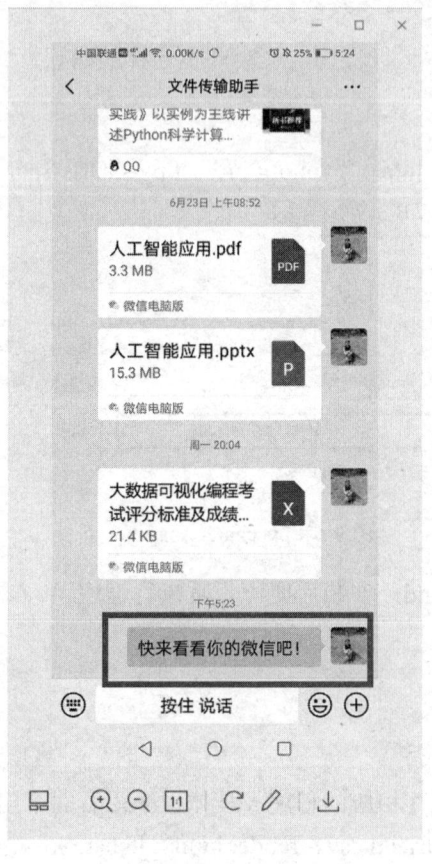

图 9-5　文件传输助手

（2）生成个性签名词云

生成词云的模块是 pyecharts.WordCloud 或者 wordcloud 等，这些模块都支持 Python 3.6 及以上版本，本项目中选用 pyecharts 模块，其安装命令如下：

```
pip install pyecharts
```

pyecharts 可以绘制的图表类型有基本图表、直角坐标系图表、地理图表、3D 图表、组合图表以及 HTML 组件，当然还包括词云。本项目使用的是生成词云功能，相应的子模块为 pyecharts.WordCloud。

但是当运行程序时，会产生以下错误提示：

```
cannot import name 'WordCloud' from 'pyecharts'
```

这是由于 pyecharts 版本不匹配，卸载后重新安装指定版本的 pyecharts 即可，解决方法如下：

Python 数据可视化项目教程

```
pip uninstall pyecharts
pip install pyecharts==0.5.11
```

在 Windows 中再一次运行程序，又会产生这样的错误：

```
No module named 'pyecharts_snapshot'
```

解决方法是进入网址 https://pypi.org/project/pyecharts-snapshot/#files 之后，在下载文件中下载所需文件，具体如图 9-6 所示。

Download files

Download the file for your platform. If you're not sure which to choose, learn more about installing packages.

Filename, size & hash ❓	File type	Python version	Upload date
pyecharts_snapshot-0.1.10-py2.py3-none-any.whl (8.9 kB) 📋 SHA256	Wheel	3.6	Dec 17, 2018
pyecharts-snapshot-0.1.10.tar.gz (12.1 kB) 📋 SHA256	Source	None	Dec 17, 2018

图 9-6　pyecharts_snapshot 下载

在保存路径中运行 cmd，安装后便可正常执行程序了。

◆▷【项目实操】◁◆

1. 文件目录

将项目编写完成并执行相应的程序（具体程序在后面给出）后，会在同一目录下生成三个文件：itchat.pkl、friend.csv、render.html。itchat.pkl 是生成二维码的存储文件，friend.csv 是生成的好友信息文件，render.html 则是生成的词云，如图 9-7 所示。

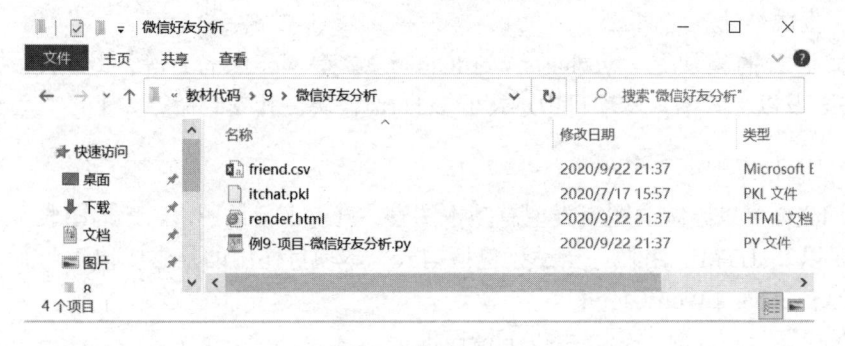

图 9-7　程序目录

2. 运行程序

选择该程序，在 IDLE 中选择 Run->Run Module 即可运行，具体程序如下：

```python
#生成微信登录二维码
import itchat

itchat.auto_login()

itchat.send('快来看看你的微信吧！', toUserName='filehelper')

friends = itchat.get_friends(update=True)
print(friends[0])

#将微信中的好友信息存储为一个文件
import csv
fp = open('friend.csv','w',newline='',encoding='utf-8')
writer = csv.writer(fp)

writer.writerow(['NickName','Sex','Province','City','Signature'])

for friend in friends[1:]:
    writer.writerow([friend['NickName'],friend['Sex'],friend['Province'],
friend['City'],friend['Signature']])

#读取好友信息
import pandas as pd
import numpy as np
data = pd.read_csv('friend.csv',encoding='utf-8')
print(data.head(10))
sex = data.groupby('Sex')['Sex'].count()
print(sex)

new_data1 = data[data['Province'].notnull()]
province = data.groupby('Province')['Province'].count()

#性别统计的饼图
from pylab import *
figure(1,figsize=(6,6))
ax=axes([0.1,0.1,0.8,0.8])

#attr = ['外星人','男性','女性']
attr=['waixingren','nan','nv']

v = list(sex)
pie(sex,labels=attr,startangle=67)
show()

new_data2 = data[data['Signature'].notnull()]
str_data = ''
```

```
for i in range(new_data2.shape[0]):
    str_data = str_data + new_data2.iloc[i,4]
print(str_data)
```

```
#匹配词语
import re
str_data = re.sub('span', '',str_data,re.S)
str_data = re.sub('class', '',str_data,re.S)
str_data = re.sub('emoji', '',str_data,re.S)
```

```
#分离词语
import jieba.analyse
tags = jieba.analyse.extract_tags(str_data,topK=50,withWeight=True)
label = []
attr = []
for item in tags:
    print(item[0]+'\t'+str(int(item[1]*1000)))
    label.append(item[0])
    attr.append(int(item[1]*1000))
```

```
#生成词云
from pyecharts import WordCloud
wordcloud = WordCloud(width=800, height=620)
wordcloud.add("", label[4:], attr[4:], word_size_range=[20, 100])
wordcloud.render()
```

在上面的程序中有登录微信及读取并存储好友信息的部分,然后分离词语并生成词云。将上述程序在 Python IDLE 中运行后,好友的部分基本信息如图 9-8 所示。

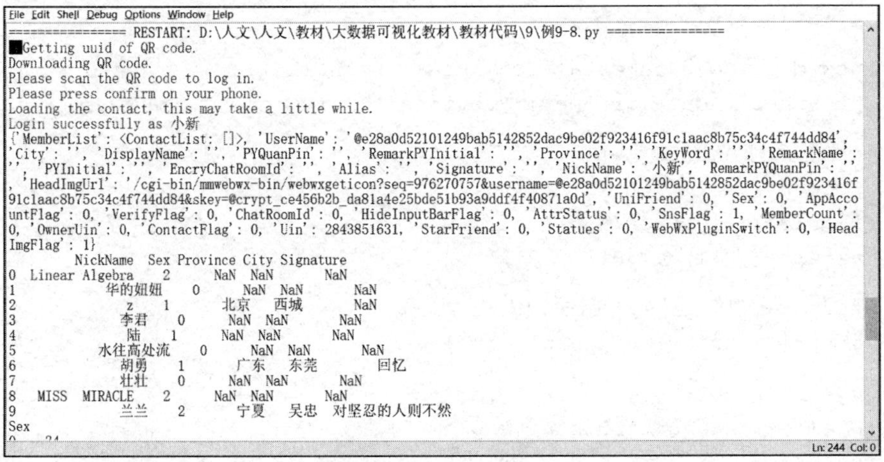

图 9-8　好友部分信息

然后对好友信息进行统计,统计结果如图 9-9 所示。

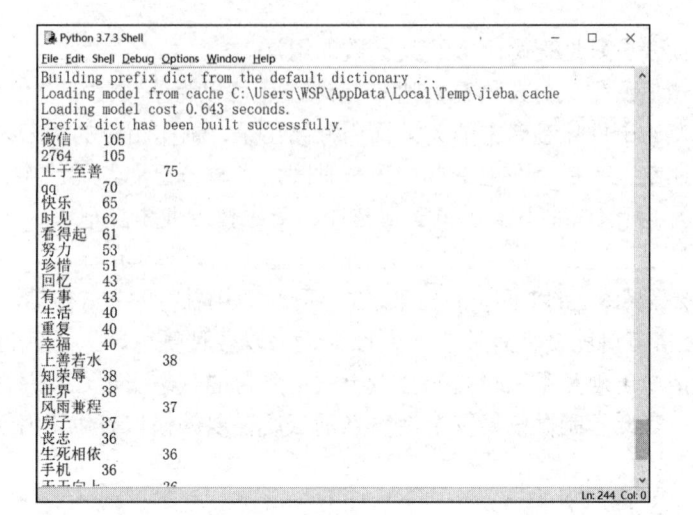

图9-9　信息统计

好友信息生成的词云如图9-10所示。

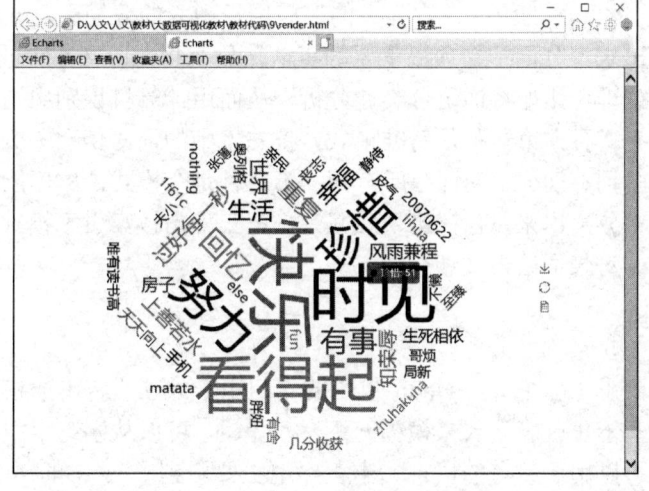

图9-10　词云图

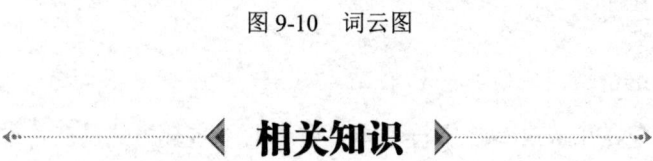

相关知识

9.1　词云的概念

在本节中将先完善前面的项目，使其功能更加丰富。然后列举更多实例对绘制图云

进行说明，使读者更好地理解函数及其参数的用法。

登录个人微信后生成好友信息，进一步地，还可以将生成的好友信息，使用 jieba 模块把微信好友的个性化签名中的关键词语分离出来，制作相应的词云。这样人们可以对自己的微信朋友圈有更全面地掌握，在短时间内了解自己朋友们的个性。

"词云"是由美国西北大学新闻学副教授、新媒体专业主任里奇·戈登提出的。里奇·戈登曾经是一位记者，并且担任过迈阿密先驱报新媒体版的主任。网络内容除了可以将报纸、电视等媒体上的新闻发布出来之外，还可以用独特的方式传播，比如利用词云。

"词云"通俗点讲就是将有关的一大堆词语，以各种颜色、大小、位置、形状放在一起，这些词语中出现频率比较高的会以更大更醒目的状态出现，视觉上比较突出。

总结一下，在此绘制微信好友个性签名词云所需要的模块有以下几类。

1. 第三方模块 jieba

词语分离需要安装 Python 的 jieba 模块，安装命令如下：

```
pip install jieba
```

jieba 模块是 Python 的一款非常强大的专门用于中文的分词库，它能将一段中文语句中的词语分离出来。分词是一项很重要的事情，只有将一段文本中的词语分割出来，才能进行后续的处理，比如将词语分类、分析，从而用计算机识别出这段话的含义。它分离词语的模式有三种：第一种是精准模式，将文本中的词语精准地分开，即一段文字中所有的词包括名词、动词、助词等所有词；第二种是全模式，尽可能将一段文字中的所有可能的词语都分离出来，存在错误及冗余；第三种是搜索引擎模式，这种模式是在第一种的基础上，对长词语再次切分。

2. 内置模块 re

程序中还用到了 re，它是 Python 自带的专门用于处理字符串的模块。该模块中的大部分函数都是基于正则表达式来模糊匹配字符串的，可以从字符串中提取需要的那部分字符串，并且可以用于所有的语言。本程序中主要用到了 re 中的 sub()函数，其函数原型如下：

```
re.sub(pattern, repl, string, count = 0, flags = 0)
```

函数的返回值是用 repl 替换字符串中最左边的不重叠模式所获得的字符串。如果找不到该模式，则返回的字符串不变。repl 可以是字符串或函数；如果是字符串，则处理其中的任何反斜杠转义。count 参数表示将匹配到的内容进行替换的次数。

3. pyecharts.WordCloud

pyecharts 有多种图表绘制功能，其中一个可以绘制 WordCloud，在 Python 中用于

生成词云的模块为 pyecharts.WordCloud。用 pyecharts 绘制词云，输入的数据是词语。

将 jieba 分离出来的每个词语形成(word,value)这样形式的元组，然后将它们放入一个大的列表中，作为绘制词云的数据。比如[('python', 23),('word',10),('cloud',5)]这样的列表就可以作为词云的数据。

生成的词云图也有多种形状，默认的形状是圆形。词云的可选形状有：'circle', 'cardioid', 'diamond', 'triangle-forward', 'triangle', 'pentagon'。

生成的词云将会在 html 文件中显示出来。也就是说，运行程序后会生成一个网页文件，打开后会在该网页上显示出图云。

绘制词云图除了使用 pyecharts 模块外，还有 Python 的 wordcloud 模块，在此不一一讲解，感兴趣的读者可以用另外的方法绘制词云图。

9.2　绘制词云图

"词云"是对文本中出现频率较高的"关键词"予以视觉上突出的一种可视化手段，形成"关键词云层"或"关键词渲染"，使浏览者只要扫过词云图片就可以了解文本中重复频率最高的词汇，从而得知庞大的文本背后的核心内容。

【例 9-1】绘制简单词云。

下面实现一个最基本、最简单的词云，词云中的词是英文单词，而且是在程序中给定的。具体程序如下：

例 9-1 实操

```
from pyecharts import WordCloud

name = [
 'Sam S Club', 'Macys', 'Amy Schumer', 'Jurassic World', 'Charter
Communications', 'Chick Fil A', 'Planet Fitness', 'Pitch Perfect', 'Express',
'Home', 'Johnny Depp', 'Lena Dunham', 'Lewis Hamilton', 'KXAN', 'Mary Ellen
Mark', 'Farrah Abraham', 'Rita Ora', 'Serena Williams', 'NCAA baseball
tournament', 'Point Break']
value = [
 10000, 6181, 4386, 4055, 2467, 2244, 1898, 1484, 1112,
 965, 847, 582, 555, 550, 462, 366, 360, 282, 273, 265]
wordcloud = WordCloud(width=1000, height=620)
wordcloud.add("", name, value, word_size_range=[20, 80])

wordcloud.render()
wordcloud
```

程序的运行结果如图 9-11 所示。

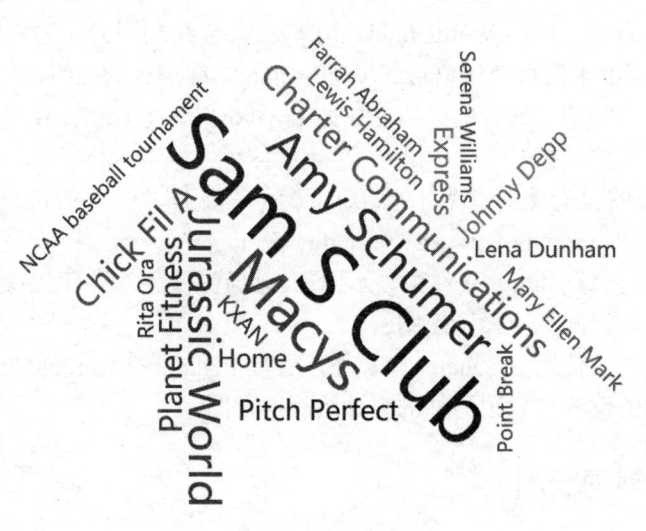

图 9-11　简单词云

上面的例子是最简单的一种，用 pyecharts 生成词云图有其优点，也有其缺点，总结如下。

（1）优点

- 在 html 文件里面当利用鼠标拖动到某个词时，就会出现对应的频率，方便查看；
- 用户只需要构建好自己的(word,values)，就可以生成词云，使用非常简单；
- 可以提供 7 种不同的词轮廓，只需要简单设置就能生成相应的图形。

（2）缺点

- 没有词云填充图片功能，即整个词云的轮廓为所给图片的形状；
- 对于给定的词是在一段文字中时，需要整理成需要的(word,values)，比较复杂。

WordCloud 是 Python 的一个第三方库，其根据文本中的词频，对内容进行可视化。它虽然没有 pyecharts 那么简单，但是其制作词云图的功能更强大，可以制作任意形状的词云图。

WordCloud 的安装与其他第三方库一样，也是由 Python 自带的 pip 工具进行的。同时，WordCloud 模块生成图形需要与 numpy、pillow 模块配合使用，当然也可以与 matplotlib 库一起使用，生成图片进行保存。

WordCloud 的使用也比较简单，它是从给定的 text 文本中按空格读取单词，出现次数越多的单词，在生成的图像中越大。WordCloud 提供了大量的参数用来控制词云图形的生成，如表 9-1 所示。

表 9-1　WordCloud 参数说明

属性名	示例	说明
background_color	background_color='white'	指定背景色，可以使用十六进制颜色
width	width=600	图像长度，默认为 400 单位
height	height=400	图像高度，默认为 200 单位
margin	margin=20	词与词之间的边距，默认为 2
scale	scale=0.5	缩放比例，对图像整体进行缩放，默认为 1
prefer_horizontal	prefer_horizontal=0.9	词在水平方向上出现的频率，默认为 0.9
min_font_size	min_font_size=10	最小字体，默认为 4
max_font_size	max_font_size=20	最大字体，默认为 200
font_step	font_step=2	字体步幅，控制在给定 text 遍历单词的步幅，默认为 1，一般不用修改，对于较大 text 增大 font_step 会加快读取速度，但会牺牲部分准确性
stopwords	stopwords=set('dog')	设置要过滤的词，以字符串或者集合作为接收参数，如不设置具体参数，将使用默认的停用词词库
mode	mode='RGB'	设置显色模式，默认 RGB 如果为 RGBA 且 background_color 不为空时，背景为透明
relative_scaling	relative_scaling=1	词频与字体大小关联性，默认为 5，值越小，变化越明显
color_func	color_func=None	生成新颜色的函数，如果为空，则使用 self.color_func
regexp	regexp=None	默认单词是以空格分隔，如果设置这个参数，将根据指定函数来分隔
width	regexp=None	默认 400 单位像素
collocations	collocations=False	是否包含两个词的搭配，默认为 True
colormap	colormap=None	给所有单词随机分配颜色，指定 color_func 则忽略
random_state	random_state=1	为每个单词返回一个 PIL 颜色
font_path	font_path='PangMenZhengDaoBiaoTiTi-1.ttf'	指定字体
mask	mask=None	指定背景图，会将单词填充在背景图像素非白色（#FFFFFF RGB(255,255,255)）的地方

与 numpy 与 matplotlib 库一起使用，可以在指定背景图上生成词云。下面举例说明。

【例 9-2】生成指定形状的词云。

```
import numpy as np
import matplotlib.pyplot as plt
from PIL import Image
from wordcloud import WordCloud, ImageColorGenerator
```

例 9-2 实操

```
text = "The awesome yellow planet of Tatooine emerges from a total eclipse\
her two moons glowing against the darkness\
A tiny silver spacecraft\
```

a Rebel Blockade Runner firing lasers from the back of the ship, races
through space\
It is pursed by a giant Imperial Stardestroyer\
Hundreds of deadly laserbolts streak from the Imperial Stardestroyer\
causing the main solar fin of the Rebel craft to disintegrate"

```
# 加载背景图
color_mask = np.array(Image.open("xiaoxing.jpg"))
wc = WordCloud(
    mask=color_mask,background_color='white'
)
wc.generate(text)
image_colors = ImageColorGenerator(color_mask)
# 在只设置 mask 的情况下会得到一个拥有图片形状的词云，axis 默认为 on 会开启边框
plt.imshow(wc, interpolation="bilinear")
plt.axis("off")
plt.savefig("heart.jpg")
```

在上面的程序中，将设置的图形与程序放在同一目录下，要设置的图形如图 9-12
所示。

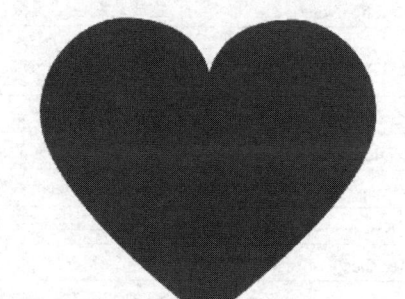

图 9-12　词云形状图形

执行上面的程序后，在指定背景图上生成的词云如图 9-13 所示。

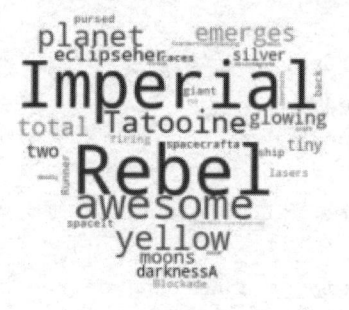

图 9-13　心形词云

9.3 扩展微信功能

除了微信朋友个性签名的词云图可视化之外，Python 还有很多有趣的功能，比如可以利用 Python 定时给比较看重的朋友或心爱的人发送一些微信消息。下面用例子进行演示。

【例 9-3】定时发送微信消息。

利用 itchat 登录微信，并且调用 itchat.send()给好友定时发送消息。具体程序如下：

```python
import requests
import itchat
from threading import Timer

# 获取金山词霸每日一句，英文和翻译
def get_news():
    url="http://open.iciba.com/dsapi"
    r=requests.get(url)
    print(r.json())
    contents=r.json()['content']
    note=r.json()['note']
    return contents,note

# 发送消息
def send_news():
    try:
        itchat.auto_login()  # 会弹出微信登录二维码，扫描登录
        # name 是接收微信信息人的微信备注名
        my_girfriend=itchat.search_friends(name='孙小新')
        mylover=my_girfriend[0]["UserName"]

        # 获取金山词霸的内容
        message1=str(get_news()[0])
        content=str(get_news()[1][0:])
        message2=str(content)
        message3="来自你最爱的人"
        itchat.send(message1,toUserName=mylover)
        itchat.send(message2,toUserName=mylover)
        itchat.send(message3,toUserName=mylover)
        # 每隔 86400 秒发送一次，也就是每天发一次
        Timer(86400,send_news).start()
    except:
```

```
        message4="最爱你的人出现啦~~"
        itchat.send(message4,toUserName=mylover)

if __name__ == "__main__":
    send_news()
```

在上面的程序中，get_news()函数其实是一个小的爬虫程序，将金山词霸的每日一句爬取下来，发送给收信人。调用 get_news()函数后，将 r.json()打印出来后结果如图 9-14 所示。

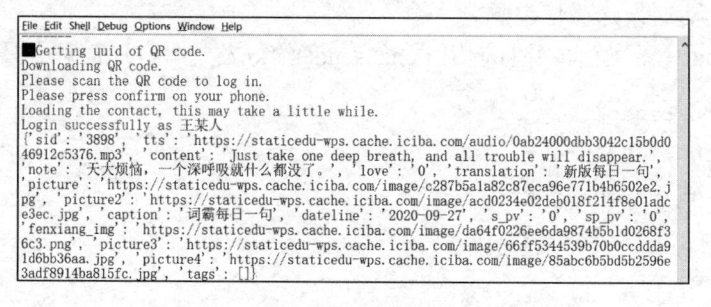

图 9-14　爬虫结果

从上面的结果可以看出，要取的字段为'content'和'note'，前者是英文句子，后者是翻译后的内容。

send_news()函数首先调用 itchat.auto_login()弹出微信登录二维码，用户登录后，根据设置的收信人名字，调用 itchat.send()函数给他发送'content'和'note'字段的内容，并设置发送时间间隔。调用 send_news()函数后的结果如图 9-15 所示。

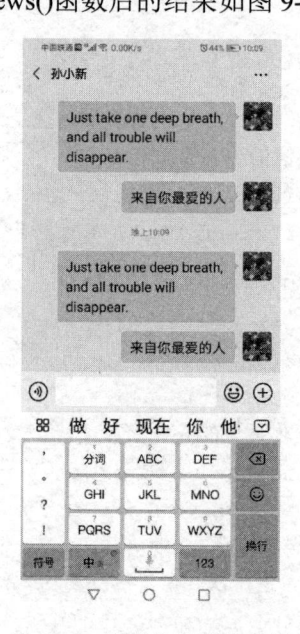

图 9-15　程序执行最终结果

有趣的是，还可以利用 Python 和 itchat 模块，完成类似 QQ 的自动回复功能，其原理就是当接收到好友发来的消息时，就给对方发送回一条自动回复消息，内容是告诉他本人不在且已收到他的消息，然后再给文件传输助手发送一条通知消息。下面给出具体程序。

【例 9-4】发送微信自动回复消息。

当微信好友发送过来消息时，给他自动回复一条不在的提示消息，并给自己的文件助手发送一条提示信息。具体程序如下：

```
import itchat
import time


# 自动回复
# 封装好的装饰器，当接收到的消息是 Text，即文字消息
@itchat.msg_register('Text')
def text_reply(msg):
    # 当消息不是由自己发出的时候
    if not msg['FromUserName'] == myUserName:
        # 发送一条提示给文件助手
        itchat.send_msg(u"[%s]收到好友@%s 的信息：%s\n" %
                        (time.strftime("%Y-%m-%d %H:%M:%S",
time.localtime(msg['CreateTime'])),
                         msg['User']['NickName'],
                         msg['Text']), 'filehelper')
        # 回复给好友
        return u'[自动回复]您好，我现在有事不在，一会再和您联系。\n 已经收到您
的信息：%s\n' % (msg['Text'])

    if __name__ == '__main__':
        itchat.auto_login()

        # 获取自己的 UserName
        myUserName = itchat.get_friends(update=True)[0]["UserName"]
        itchat.run()
```

程序的执行结果如图 9-16 所示。

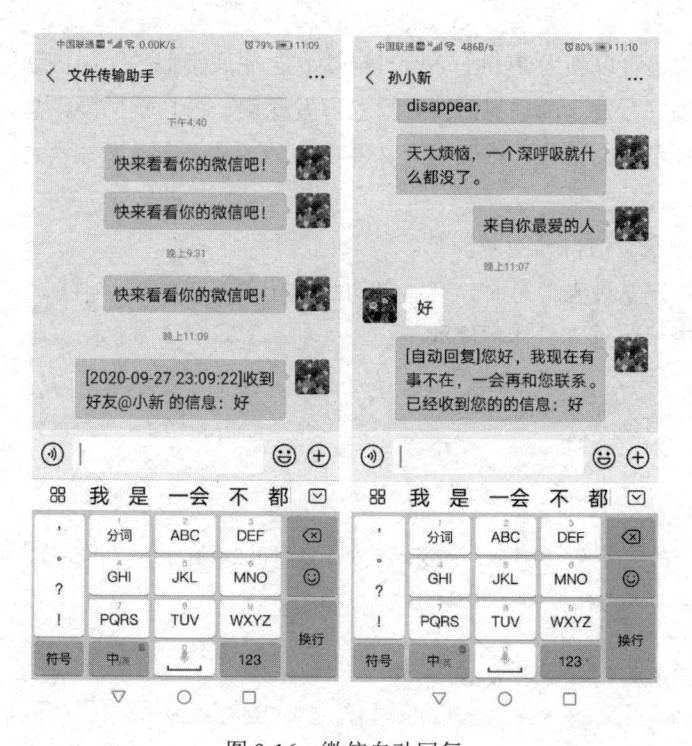

图 9-16　微信自动回复

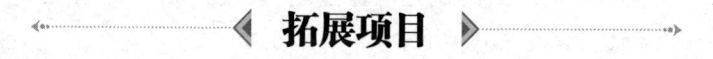

◀ **拓展项目** ▶

题目： 基于例 9-3，绘制包含中文的词云图，字体可以自行指定。注意中文可能会出现乱码的问题。

要求： 程序的基本架构可以利用例子中的代码，背景图片可以自行设置，包含中文的词云实现的效果图如图 9-17 所示。

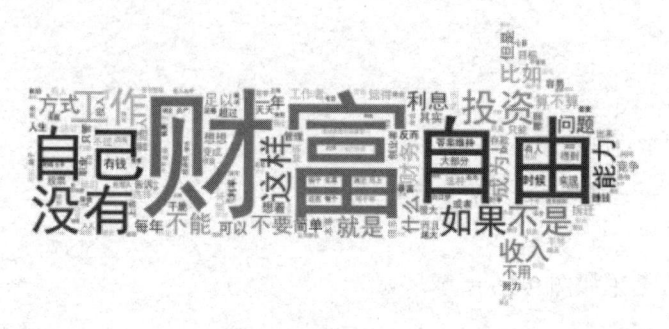

图 9-17　效果图

课 后 练 习

利用本项目所学知识，结合例子中 jieba 模块的用法，将下文先分解词语，然后生成相应的词云，文本如下。

怒发冲冠，凭栏处、潇潇雨歇。抬望眼，仰天长啸，壮怀激烈。三十功名尘与土，八千里路云和月。莫等闲，白了少年头，空悲切！

靖康耻，犹未雪；臣子恨，何时灭？驾长车，踏破贺兰山缺。壮志饥餐胡虏肉，笑谈渴饮匈奴血。待从头，收拾旧山河，朝天阙。

背景图形可以自选。

参 考 文 献

董付国，2020．Python 数据分析、挖掘与可视化[M]．北京：人民邮电出版社．

科斯·拉曼，2017．Python 数据可视化[M]．北京：机械工业出版社．

刘大成，2018．Python 数据可视化之 matplotlib 实践[M]．北京：电子工业出版社．

刘大成，2019．Python 数据可视化之 matplotlib 精进[M]．北京：电子工业出版社．

刘瑜，2020．Python 编程从数据分析到机器学习实践（微课视频版）[M]．北京：水利水电出版社．

马里奥·多布勒，蒂姆·高博曼，2020．Python 数据可视化[M]．北京：清华大学出版社．

伊戈尔·米洛瓦诺维奇，迪米特里·富雷斯，朱塞佩·韦蒂格利，2018．Python 数据可视化编程实战[M]．2 版．北京：人民邮电出版社．

张俊红，2019．对比 Excel，轻松学习 Python 数据分析[M]．北京：电子工业出版社．

Magnus Lie Hetland，2018．Python 基础教程[M]．3 版．北京：人民邮电出版社．

RAFAEL C G，RICHARD E W，2020．数字图像处理[M]．4 版．北京：电子工业出版社．

Wes McKinney，2018．利用 Python 进行数据分析[M]．2 版．北京：机械工业出版社．